大展好書　好書大展
品嘗好書　冠群可期

大展好書　好書大展
品嘗好書　冠群可期

休閒娛樂
25

科學洗濯妙方

雷郁玲／編著

大展出版社有限公司

序言

一般人認為洗衣服很簡單，丟進洗衣機洗一洗就沒事了。利用洗衣機洗衣服固然迅速又方便，但它畢竟不是萬能的。

每個人都會洗衣服，不過，有多少人真正懂得有效又正確的洗衣方法呢？目前的纖維和清潔劑種類繁多，不同性質的清潔劑適用於不同的衣料，該如何選擇及有效地使用，才能徹底洗淨衣物又不傷衣料，可說是一門學問。為了達到這種目的，就必須學會一套科學的洗濯法，以及去除污點的技巧。

本出版社為了服務讀者，特別將各種洗濯衣物的方法和去除斑點的技巧集結成冊。本書內容詳備，無論對一般家庭主婦、準新娘、必須分擔家事的先生、單身漢、單身女郎、住宿的學生等，應該都有幫助。

您的衣服弄髒了，而不知該如何處理時，不妨翻翻本書，它會教您有效的去污法。如能將本書翻閱一遍，並將大概方法記在腦中，需要時就更方便了。

『洗濯』是專家的經驗談，所以堪稱理想的洗濯及消除污穢指南，家庭主婦不可不備。

目錄

第一章　分類洗濯法

襯　衫……一二
綿質內衣褲……一六
胸罩和束褲……一八
高級內衣……二〇
睡　衣……二一
襪　子……二三
手　帕……二四
毛巾、抹布……二五
毛　衣……二六
長　褲……三二
牛仔褲……三五
裙　子……三六
女　衫……四〇
一件式連裙裝……四四
領帶、領巾……四六
緊身衣、T恤……四八
睡　袍……五〇
*圍裙的漂白……五一
日式浴袍……五二
泳裝、海灘裝……五四

*太陽眼鏡的保養……五五
運動衫……五六
滑雪裝……五八
連褲緊身舞衣……五九
孩子的遊戲裝……六〇
尿布、尿褲……六二
*尿布粉紅化……六三
嬰兒的衣物……六四
*必備的嬰兒衣物……六五
套　裝……六六
制　服……六八
宴會裝……六九
外套與夾克……七〇
大　衣……七二
風　衣……七三
太空衣……七四
毛　皮……七六
小羊皮……七七
皮或合成皮大衣……七八
床單、被套……八〇
桌　巾……八三
被子、枕頭……八四
毯子、毛巾被……八八
窗　簾……九〇
鞋墊與拖鞋……九二
衛浴用品……九四
布偶和玩具……九五
皮　包……九六
*錢包的清潔保養……九九
皮手套、腰帶……一〇〇

鞋子、涼鞋、馬靴……一〇二
＊濕鞋的處理……一〇四
＊修理要趁早……一〇五
布鞋、運動鞋……一〇六
帽子……一〇八
飾物……一一〇
＊寶石的保管與修補……一一三
陽傘……一一四
＊雨傘的保養……一一五
化粧用品……一一六
假髮……一一八

第二章　摺疊與收藏法

襯衫……一二〇
內衣……一二一
毛衣……一二二
女衫、洋裝……一二三
西裝……一二四
長短大衣……一二五
毛皮……一二六
換季收藏……一二七
防蟲劑……一二九
乾燥劑、脫氧劑……一三一
曬乾……一三二
＊防水劑……一三三

第三章　熨斗的使用

襯　衫……一三六
女　衫……一三八
毛　衣……一三九
外　套……一四〇
長　褲……一四二
*如何處理摩擦發亮處……一四二
裙　子……一四四
床單、桌布……一四六
絲巾、領巾……一四七
窗　簾……一四八
熨斗使用要訣……一四九
用具與用法……一五〇
電熨斗的保養……一五一

第四章　去除污斑的方法

去除污斑的要訣……一五四
*輕汽油……一五五
*巧妙去斑—不留殘暈……一六一
不同污斑的去污方法……一六二
醬油、調味汁／酒／可樂／綠茶、紅茶、咖啡／牛奶／果汁／蛋／奶油、植物油／咖哩／巧克力／冰淇淋／西點／口香糖／口紅／腮紅／粉底霜／眼影／燙髮液／香水、髮油／汗斑／衣領垢／血液／膿汁／排泄物／藍墨水／紅墨水／彩色筆顏料／原子筆／油墨／印泥／油漆／蠟筆／墨汁／鞋油／鉛筆
亮片珠子的維護保養……一七三
金屬拉鍊的保養……一七四

第五章　各種洗潔劑

洗潔劑……一七六
洗潔劑的悠久歷史……一七六
肥皂歷史……一七七
去除污泥的過程……一七八
洗潔劑的主要成份……一八〇
洗潔劑的種類及特質……一八二
肥皂絲的洗濯方法……一八四
漂白劑的使用方法……一八七
柔軟劑的使用方法……一九〇
洗衣漿的使用方法……一九一
除漬劑……一九三

第六章　洗濯要訣及用具

洗濯前的準備工作……一九八
洗衣機的使用法……二〇一

*纖維分辨法……二〇五
用手揉洗衣服法……二〇六
晾乾衣服法……二〇八
洗衣機……二一三
烘乾機……二一八
洗衣的小用具……二二〇
晾衣服的小用具……二二二
電熨斗的種類……二二四
熨斗的種類……二二五
維護熨斗的方法……二二六
燙衣服應具備的用具……二二七
簡便的洗衣小器具……二二八
去漬跡的用具……二三〇

第一章　分類洗濯法

襯衫

領口和袖口採取部分洗法

襯衫的質料包括純綿、麻、和綿、合成纖維混紡等。

以前的襯衫，多半是綿質品，想讓它又挺又好看，最好送到洗衣店洗。最近的襯衫，大部分是混紡的，根本不必燙，而且好洗。

那種衣服該送到洗衣店洗，那種衣服可以自己洗，實在不容易判斷。原則上，較貴重，不常穿的衣服，不妨送洗；常穿的漂亮衣服，最好用手洗；而平常穿的綿或麻混紡的衣服，利用洗衣機洗即可。常丟進洗衣機洗的衣服，偶爾送出去洗，也會變得很挺。

洗衣服以前，應該先檢查口袋，並且用牙刷刷一刷，即使要送到洗衣店洗，也必須這樣做。因為口袋內如有香煙屑，就會造成洗不掉的茶色斑點。

領口和袖口容易沾上汗和灰塵，通常是衣服最髒的部分，洗衣機有時也洗不乾淨，所以，有必要採取部分洗法。

領口和袖口容易髒，主要是皮脂造成的，利用含有酵素的液體清潔劑去污最有效。方法很簡單，只要用牙刷沾一些清潔劑，將髒的地方刷一刷就好了。

萬一這樣刷還刷不乾淨，就朝一定的方向多刷幾下。

「泡在清潔劑中」是老方法

以前大家總認為：再髒、再難洗的衣服，泡在清潔劑中，過一個晚上，就可以洗淨了。

現在流行合成纖維和混紡的衣料，它們具有吸收髒東西的特性，如果穿髒就丟在一旁，或丟進清潔劑中不馬上洗，衣服便會再受污染。為了預防合成纖維或混紡的衣服更髒更難洗，換下來以後，應該儘快洗起來，而不必事先浸泡。

進行部分洗法以後，將手洗和洗衣機洗的分開，並準備清潔液。這時為預防再污染，必須準備乾淨的清潔液，而且襯衫應該先洗。

平常穿的襯衫也不能隨便亂洗，以免領子很快就破損。如果襯衫的領子破損，穿起來實在不太美觀。

其實，預防領子破損的方法很簡單，只要稍微摺一下，先裝在洗衣網內，再放入洗衣機內洗，便可延長衣服的壽命。但是，洗衣網內頂多可裝兩件襯衫，因為裝太多會減低洗淨力。

在洗衣機內洗三至六分鐘，再稍微脫一下水，清洗五、六分鐘以後，要換水兩次，再脫水一次，大概脫三十秒鐘就可以了。

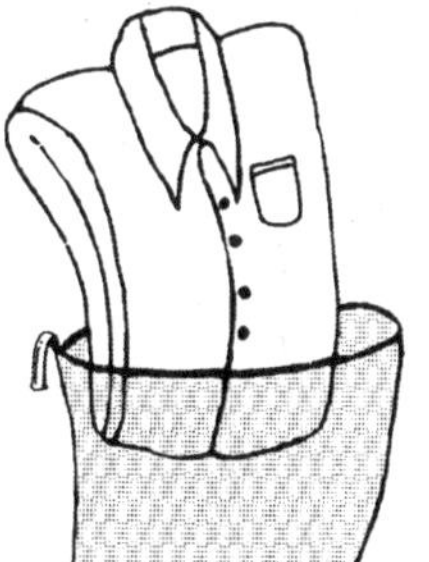

先裝在洗衣網內，
再放入洗衣機。

領口、袖口和前襟必須先漿

新的混紡襯衫不必漿，可是穿久了，就有必要。這種處理能使襯衫變挺，同時可防止表面起毛球。

化學漿漿出的襯衫挺而不硬，效果相當好；而澱粉漿漿出的襯衫太硬了，穿起來不太舒服。漿有粉末狀和黏液狀兩種，可自由選擇。

一般混紡的襯衫，應該比棉質襯衫漿淡一點，所以清水量相同，而漿可少於標準量。調勻以後，必須用手輕壓衣服，讓它完全漿到，漿不可太少，以免不勻，或使衣服變縐。

領口、袖口和前襟三個部分要先漿，而且最好稍微搓揉一下。

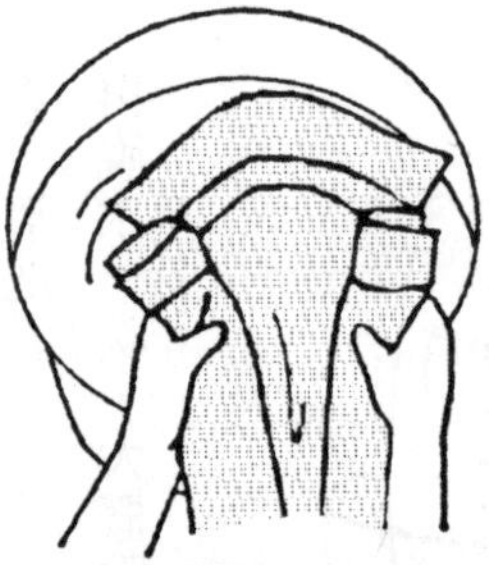

1. 領口、袖口和前襟先漿。

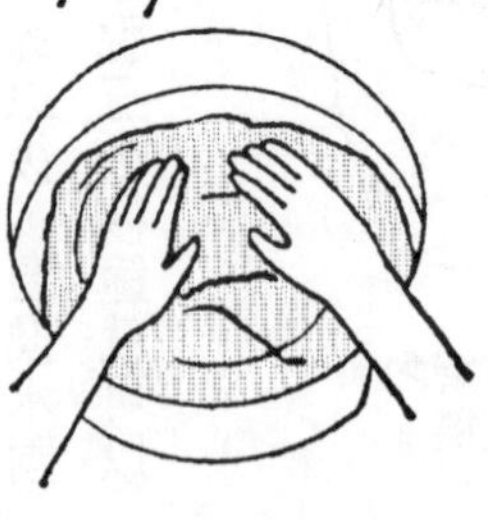

2. 將整件衣服放入並輕壓。

接著，將整件衣服大致褶一褶，然後泡在漿中，這時不必搓揉，只要輕輕壓一壓，讓它充分泡在漿中即可。

漿過以後，脫水十秒鐘，再為衣服整形，讓它陰乾。

將乾衣服噴濕再燙

無論是棉質襯衫或混紡的襯衫，都必須等它完全乾了，才能用熨斗燙。

要燙之前，務必先將整件衣服稍微弄濕，除了用噴霧器噴濕以外，也可利用濕毛巾和塑膠布。將濕毛巾輕輕擰一擰，接著將衣服平放在塑膠布上，再把濕毛巾放在衣服上，然後將衣服連同毛巾捲起來，最後捲緊塑膠布，以免水分流失。

過了兩、三分鐘，整件衣服差不多都濕了，就可以拿出來。這時，再將布面朝下放在燙衣架上燙。

詳細步驟請參考後面的基本燙衣法。

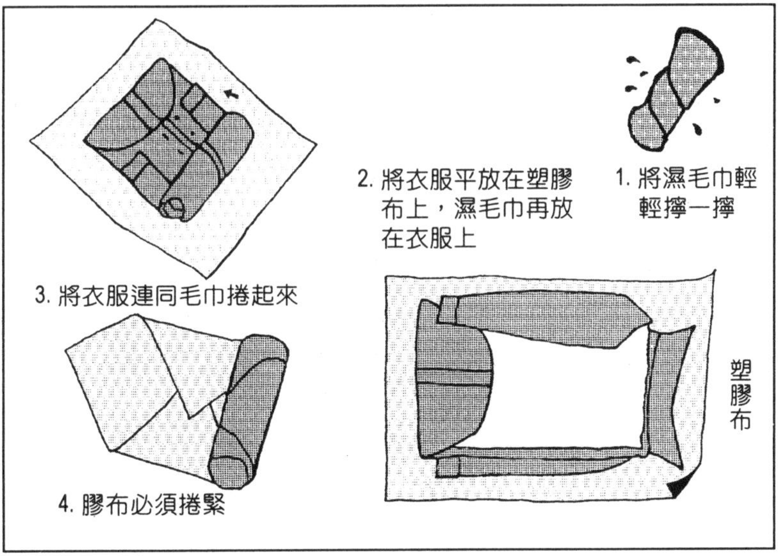
1. 將濕毛巾輕輕擰一擰
2. 將衣服平放在塑膠布上，濕毛巾再放在衣服上
塑膠布
3. 將衣服連同毛巾捲起來
4. 膠布必須捲緊

綿質內衣褲

用漂白劑可防止發黃

有些人擔心內衣每天洗容易破損，其實剛好相反，內衣髒了，如果不洗，不僅有害健康，而且髒東西會進入纖維中，不容易洗乾淨，又會傷布料。

內衣必須每天更換，每天清洗。勿以為每天洗，就可隨便丟入洗衣機內洗。

正確的方法是：依照質料表示牌的指示分類洗。經過分類處理的內衣，比較耐穿。

男性的汗衫　汗衫背後和腋下的部分最容易發黃。雖然洗得很仔細，可是有些油脂還是洗不乾淨。久而久之，就逐漸變黃了。

單靠洗衣機洗，往往無法將衣服徹底洗淨，所以，洗幾次以後，有必要漂白一次。

一般說來，氯系漂白劑最適合綿質內衣。為預防新內衣發黃，一開始就要在洗衣水中加入一些漂白劑，在這種情況下，不能漂白的衣物必須另外洗。

內衣褲　用洗衣機洗內衣褲，不見得能徹底去污。萬一沒洗乾淨，就要用手洗，或利用漂白劑漂白。如果下襬和鬆緊帶部分是化學纖維的，便不能泡到氯系漂白劑，以免變形。

血漬必須用水洗，洗不掉才用肥皂

衣服沾到血，立刻用水洗，通常能洗淨；如果時間久了，就不易洗淨。此外，衣服上的血漬務必用冷水洗，千萬不可用熱水洗。因熱水會使血中的蛋白質凝固，結果更難處理。

利用肥皂洗　假如用水洗不乾淨，可將洗衣服的肥皂或洗手的香皂抹在沾血的部分，然後在水龍頭下一面沖水一面洗。經過這種處理，應該能洗淨血漬。

特別難洗的血漬，最好在清潔液中泡一小時。在這種情況下，含有酵素的清潔劑最有效，因為它能分解血中的蛋白質。不過，在泡以前，能洗掉的還是要先洗，泡過以後，用普通洗法來洗就可以了。

發黃時可用還原漂白劑　蛋白質造成的污點，有時洗掉了，衣服看起來還是黃黃的，主要是因為血液中含有鐵。還原型漂白劑可使這類發黃的衣服變白。還原型漂白劑的漂白力和水溫成正比。所以讓它在低溫溶化以後，必須逐漸增加水溫，通常在攝氏七十度至八十度的漂白水中浸泡十至三十分鐘即可。

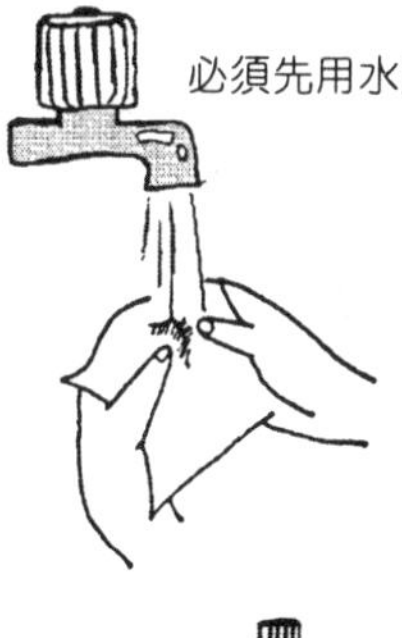
必須先用水洗

發黃時可用還原型漂白劑

胸罩和束褲

精緻的胸罩放在洗衣網內側

洗胸罩時，除了要留意纖維的特性以外，也不能忽略副質料，應該看清洗濯指示牌。出遠門或特殊場合穿的內衣，一年穿不了幾次，不妨送到洗衣店洗；而有精緻蕾絲或鋼絲的內衣，最好用手洗。至於其他內衣，只要注意洗的方式，就可放入洗衣機洗。

將罩杯對好裝在洗衣網內　如果要用洗衣機洗，務必先將罩杯對好裝在洗衣網內，以免肩帶和金屬部分纏在一起，或損及衣料。

說得明白些，除了罩杯對好以外，背釦也要扣好，而且肩帶和背釦部分都必須塞入罩杯，再裝入洗衣網。如擔心洗衣機將有鋼絲的內衣洗壞，就把它放在洗衣網內側，頂多裝八分滿，否則洗不乾淨。

分類洗　可用普通清潔劑洗。清潔劑泡溫水，洗淨力較高，所以，不妨利用洗澡水來泡，趁著水還乾淨時趕快洗。化學纖維和綿容易吸收髒東西，不能用混濁的水洗，以免再受污染。

這些衣服最好先裝在洗衣網內，再放入洗衣機洗，和不髒或不褪色的衣物一起洗。如果是和髒或會褪色的衣物一起洗，就不易洗乾淨。

讓陽光直射會變形，應該先整形後陰乾

由洗到脫水不可拖太久　內衣每天更換，所以不會太髒，洗三、五分鐘就好了。脫水時間也要短，以十秒鐘為準。

裝有內衣的洗衣網應該放在上面，免得被壓壞。如用手洗，洗和清洗時，都不宜搓揉，只要在盆裡振一振就可以。特別髒的地方，可用軟牙刷輕輕地刷。

洗束褲的要領和洗胸罩相同。無論洗束褲或胸罩，最好都避免用漂白劑，假如不得不用，就選用酵素系漂白劑。

整形後讓它陰乾　剛洗好的胸罩，必須利用手指整好形狀；洗好的束褲，也要輕輕拍一拍、拉一拉，這樣才不會變縐。至於連身的內衣褲，也應該加以整形，然後掛在衣架上，讓它陰乾。雖然愈快乾愈好，但是，不能讓太陽直接照射，否則會變形；如果晾在太陽照射得到的地方，最好用毛巾擋住日光。

烘乾也不好，會使胸罩和束褲縮小。如果利用爐子烘乾時，必須離爐子兩公尺以上，而且要用毛巾蓋著。

一定要陰乾

高級內衣

蕾絲或刺繡的高級品宜翻過來裝在洗衣網內

絲質的高級品不容易處理，最好送到洗衣店洗，其他的可在家裡洗，依照處理指示牌來洗就好了。每天穿的，通常放入洗衣機內洗。淺色、膚色或粉紅色調的整姿內衣，可安心使用不含螢光劑的中性清潔劑清洗。

若是蕾絲或刺繡的高級品，應該翻過來洗，以免背釦等金屬部分傷及衣料。

如果擔心變形，就將它褶疊好，先裝在洗衣網內，再放入洗衣機洗。手洗時，輕輕壓洗即可。

為了保持柔軟度，洗三次至少要加一次柔軟劑，這種情況下，柔軟劑不可超過標準量，因為太濃反而會減低吸濕性。

無論用洗衣機或用手洗，最好都放在洗衣網內脫水十五秒鐘，不可脫太久，以免衣服變縐。拿出來以後，必須甩一甩或輕輕拉平，然後對褶，或直接掛在衣架上讓它陰乾。

睡衣

彩色睡衣洗三次後才能確知褪色情形

男性和兒童的睡衣　他們的睡衣質料以綿布和毛巾布居多，能吸汗又好洗。但是，這類睡衣吸收人體的油脂和汗以後，很容易髒，必須常洗。

放入洗衣機洗之前，最好利用安全別針將兩隻袖子固定在前面。

洗孩子的睡衣時，務必檢查口袋，因為他們往往會把糖果、餅乾或其他寶貝放在口袋內。

女用睡衣　女用睡衣種類繁多，通常可用弱鹼性清潔劑來洗。

至於有光澤的醋酸纖維製成的睡衣，最好用中性清潔劑洗。

放入洗衣機洗之前，整姿內衣和一般內衣一樣，都要先裝在洗衣網內，蕾絲或其他裝飾部分宜朝內側放，不必洗太久。脫水時間不宜太長，以免衣服變縐而難以復原，原則上以三十秒鐘為上限。

顏色深的睡衣容易褪色，而染到其他衣物，所以，新的必須個別洗三次，以確知褪色情形。

萬一不小心染到其他衣服，立刻取出其中的白衣服在清水中洗一洗，通常可洗掉一些顏色。

襪子

利用含有酵素的清潔劑進行腳尖和腳跟的部分洗法

襪子沾上皮膚的油脂後，如不立刻換下來洗，恐怕不容易洗乾淨。為了解決這種問題，應該養成洗完澡順便洗襪子的好習慣。

襪子的質料和處理方式，都寫在標籤上，所以買回來以後，應該將標籤留下，或記下處理要點。

綿襪和尼龍襪　孩子穿的襪子或運動襪，都容易因泥灰而變髒，清洗以前，必須先將泥灰拍掉，再進行部分洗法。髒的主體是蛋白質，含有酵素的清潔劑去污效果最佳。首先，利用溫水讓清潔劑溶化，接著將襪子泡在清潔劑溶液中一小時，稍微搓揉以後，再放入洗衣機洗。襪口容易鬆弛，最好褶到內側，用橡皮筋束著。

如果太髒了洗不乾淨，就需要漂白。一般說來，白色綿襪用氯系漂白劑；而尼龍襪或花色襪用醋酸性漂白劑，只要多洗幾下，就能洗淨。脫水後，鬆緊的部分朝上晾乾。

毛　襪　羊毛襪或混紡襪，有些染色染得不太好，因此新的必須個別洗幾次，以確知褪色情形。

毛襪和混紡襪，不僅容易起毛球，纖維也會沾在其他衣物上，為了預防這些問題發生，最好採取壓洗的方式，或將它們翻過來，先裝在洗衣網內，再放入洗衣機洗；而且應該避免和白衣服一起洗。

絲襪宜裝在專用洗衣網內再放入洗衣機洗

如果絲襪夠穿，不妨幾天洗一次。為防止破損，應儘可能準備裝絲襪的專用洗衣細網。

胸罩或附有金屬的衣物，都不宜和絲襪一起洗，因為金屬部分可能鉤破絲襪。

不必另外準備清潔劑，用普通清潔劑即可。洗幾次以後，如果逐漸褪色，就要縮短清洗時間，頂多洗一分鐘。洗好後裝在專用洗衣網內脫水，連同洗衣網掛起來晾乾，如此可免失落或纏上其他衣物。

漂亮的彩色襪或蕾絲襪，必須用中性清潔劑小心地搓洗，洗淨後讓它陰乾。為了美觀，防止產生靜電，並延長襪子的壽命，可加柔軟劑。

尼龍纖維襪　平常穿的保溫尼龍纖維襪和絲襪一樣，都可放入洗衣機洗；而高級品最好選用中性清潔劑手洗。如果放入洗衣機洗，務必將它翻過來，以免沾上其他衣物的纖維，或使其他衣物沾上襪子的纖維。

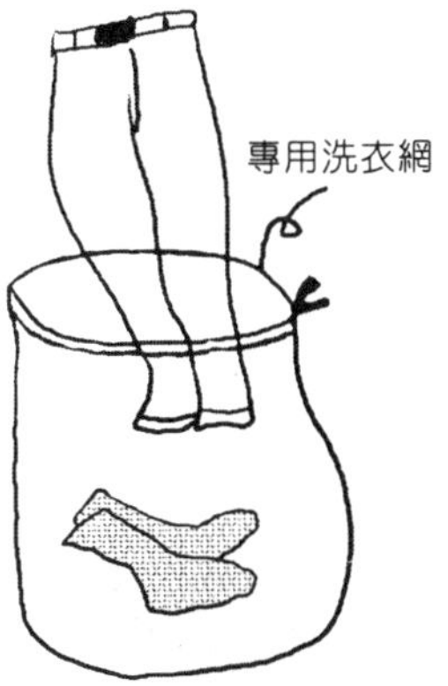

尼龍纖維襪必須
翻過來洗

手帕

脫水後直接燙

手帕每天都帶在身上，更應該常保潔淨。這種小東西很容易洗，不妨讓孩子洗完澡順便洗一洗。

依用途來分，手帕可分為兩類，一是實用的；二是裝飾的。後者除了蕾絲的和絹的以外，有些還織進金絲或銀絲，相當豪華。因此，購買時應問清質料和處理方法。手洗蕾絲手帕或絹質手帕時，可參考領巾的洗法。而有金絲或銀絲的手帕較難處理，送到洗衣店洗較保險。

要放入洗衣機的手帕，如果幾條一起裝在洗衣網內，就不會散亂，也不會沉到底部，方便又省事。清洗時，務必將手帕打開，以免褶痕沒洗乾淨。用手洗時，褶痕或髒的地方必須徹底搓揉乾淨。

脫水後直接燙不必晾乾，假如無法立刻燙，就暫時放在塑膠袋內，並且用橡皮筋束起來。

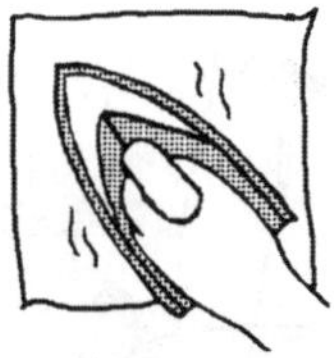

直接燙不必晾乾

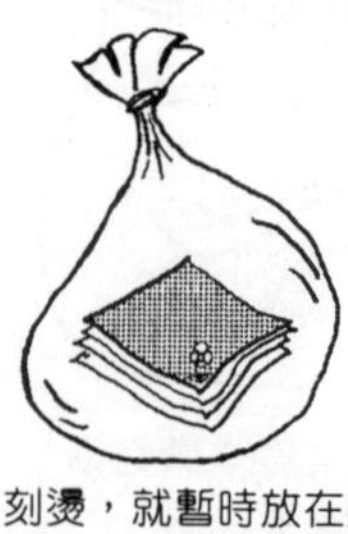

無法立刻燙，就暫時放在塑膠袋內，袋口用橡皮筋束起來。

毛巾、抹布

留意彩色新毛巾的褪色情形

大部分毛巾都是純綿的，有些進口毛巾是合成纖維、麻或混紡的，不僅比純綿的硬，觸感也稍差。

目前市面上有很多色彩鮮豔的毛巾，如果染色的堅牢度低，就會染到毛巾的白色部分或其他衣物，所以，務必留意彩色新毛巾的褪色情形。

實際上，洗任何衣物前，都必須看清標示的處理方法，最好先放在溫水中稍微搓揉一下，以確知褪色情形。尤其在清潔劑溶液的溫度偏高，浸泡時間又久的情況下，更容易褪色。基於這種緣故，會褪色的毛巾務必用低溫的清潔劑溶液快速清洗，而且脫水後立刻晾乾。

毛巾洗過幾次後都會變硬，主要是因為綿脂被清潔劑洗掉了。如有這種情形，可在肥皂粉中加一些柔軟劑，這樣做或多或少都會發生作用。

利用廚房專用漂白劑消毒抹布　廚房用的抹布，應該常保清潔。高溫加高濕的地方，便是雜菌繁殖的溫床，而抹布常兼具這兩種條件。為預防雜菌在抹布上繁殖，每次使用後，最好都用肥皂洗一洗，並且曬曬太陽，因為陽光具有消毒作用。

徹底做法是：每星期選一個時間將抹布泡在攝氏四十度的漂白劑中（廚房專用的），如此既可洗淨、漂白，又能殺菌；再加一點肥皂煮，消毒效果更佳。

毛　衣

送去乾洗也要看看標示的處理方法

可在家裡洗的毛衣　純羊毛的高級毛衣必須手洗，而壓克力混紡的普通毛衣，可放入洗衣機洗。至於安哥拉毛、毛海、喀什米爾、嫘縈做裡或混紡的高級毛衣，最好送到洗衣店乾洗。為什麼必須乾洗？因為在家裡洗恐怕會走樣。例如，嫘縈濕洗以後，往往會縮水。無論蕾絲、絲帶或人造皮革，都應該手洗。洗之前，務必確知標示的質料和處理方法，以免褪色或發生其他麻煩問題。

洗濯前　毛衣洗濯後，多多少少會變形，所以事先就要剪好紙樣，以便洗好時調整。毛衣買回來以後，除了在紙上描出形狀外，顏色和購買日期也要記錄下來。

如果毛衣起毛球，可用膠布將毛球黏起來，再拿剪刀剪掉。為什麼必須先用膠布黏呢？因為直接用剪刀剪，不僅不容易剪乾淨，還可能剪斷毛線。髒的地方，最好先進行部分洗法，以免泡在水裡以後不易找出。一般說來，毛衣最髒的地方是領口和袖口，應該好好檢查。至於其他特別髒的地方，可利用線做記號。

預備洗濯所需的水量

清潔液的溫度以攝氏三十度為準　清潔液的溫度非常重要，溫度太高或太低，都可能有麻煩。例如，溫度過高時，洗出來的衣服也許會變硬或縮水，這是纖維變質所致，永遠無法恢復原狀。原則上，清潔液的溫度以攝氏三十度為基準，且整個洗濯過程都要用攝氏三十度的溫水。測水溫時，不可憑感覺，應該用溫度計量。

清潔液的標準量就是衣服重量的二十倍　洗濯時，從頭到尾都要用攝氏三十度的溫水，所以，必須預先準備好足夠的水。剛開始洗時，所需的水量為衣服重量的二十倍，而沖洗時，大概需要六十倍。如果毛衣很膨鬆，或用大容器洗，最好多準備一些水。萬一沒有夠大的容器，不妨利用洗衣機的水槽。

毛衣通常用中性清潔劑洗，依標準用量浸泡即可。肥皂粉容易留下顆粒，所以要充分攪拌。

將毛衣疊成同樣厚度而且袖子放上面　壓洗很有效，但是厚度必須平均。髒的地方最好露出於顯而易見處，以免漏洗。例如，袖子和前半部較容易髒，應該疊在上面。

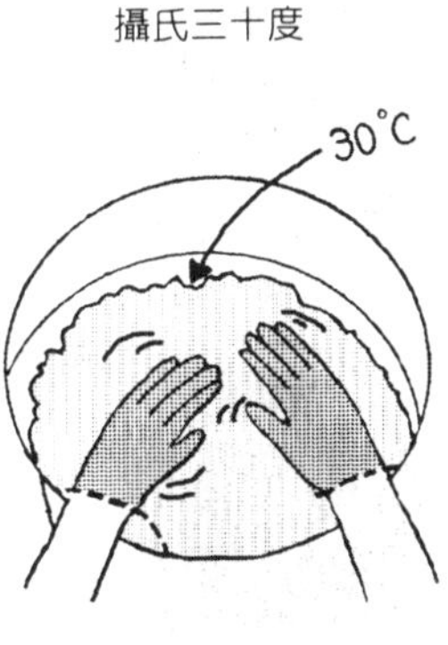

清潔液的量至少要蓋過手掌

配合毛衣的纖維組織壓洗

毛衣泡水時間愈長，愈容易縮水。大致說來，特別髒的毛衣才要洗兩次，普通毛衣洗一次就夠了，根本不必預洗，由洗濯到脫水，最好不超過三分鐘。

壓洗次數少時要仔細　先將疊好的毛衣放入清潔液中，再用兩手輕輕壓，看看液量夠不夠？如能蓋過手掌，就算適量。

洗濯方法就是手指張開壓洗，不能壓太重，壓了就放鬆，等毛衣又膨鬆了再壓；也就是壓一秒，放鬆一秒，如此反覆進行。

壓洗時，手掌可向側面轉動，但是嚴禁搓揉或抓洗，以免變形。

NEW WOOL 100%
羊毛99.7%

WOOL DLEND MARK
羊毛55%以上的
混紡製品

羊毛的纖維表面排列如魚鱗，如果濕了又加壓，魚鱗狀的組織容易纏在一起，所以，可能收縮而變硬；用太熱的水洗，也會發生相同問題。

壓洗後，假如用線做記號的地方未洗淨，可將一手放在下面，用刷子在上面輕輕拍。高級羊毛衣用海綿拍，效果最佳。

褶疊好開閉洗濯

沖洗前稍微脫水　為了便於沖洗，事先可放在洗衣網內脫水十秒鐘，或將容器中的毛衣捲起來，用兩手壓掉水分。如果直接由容器內拉出毛衣，毛衣容易因水的重量而變形，所以，務必保持原先褶疊的形狀，用雙手捧起來。

沖洗時換兩次水　利用大容器洗時，水必須多。萬一沒有大容器，不妨利用洗衣機的水槽。假如預先準備的溫水不敷使用，應該補充同是攝氏三十度的溫水。

沖洗時，先將毛衣褶疊好，再如荷葉一樣左右開閉十幾次。接下來，將毛衣打開，倒掉裡面的肥皂水，然後換水再洗一次。洗第二次時，如加入適量柔軟劑，便可使毛衣鬆軟如新。

放入洗衣網脫水三十秒　利用脫水機脫水時，務必將毛衣裝在洗衣網內，頂多脫水三十秒。如果毛衣太大，裝不進洗衣網，就不必脫水。在這種情況下，可將毛衣平放在大毛巾的一側，而另一半毛巾褶過來蓋在毛衣上。像這樣換三次毛巾，水分大概就被吸收掉了。

整形後陰乾

放在紙樣上整形　要燙的毛衣，脫水後可直接燙，不燙的毛衣，就要放在紙上整形。長毛的毛海不能燙，所以，必須仔細整形，尤其要注意接袖的位置。

攤平陰乾　做完前面幾個步驟以後，不可忽略下面的幾點注意事項。毛衣不能直接曬太陽，免得褪色或縮水。此外，帶水的毛衣會因水的重量而變形，因此毛衣最好平放陰乾。

可將毛衣放在對摺的浴巾上，再擱置於通風處，有專用平台當然很便利，如果沒有，不妨用工作檯或桌子代替。

冬季時，最好放在室內陰乾。

紅色、〇年〇月〇日

將接袖處對好

掛起陰乾　膨鬆輕巧的針織衫、長毛的毛海衫或縱縮的毛海衫，都可以掛在衣架上或穿在竹竿上陰乾。如要掛衣架，必須先將毛巾纏在衣架上，或利用不穿的絲襪增加厚度，再掛在陰處。

壓克力毛衣可用洗衣機洗

平常穿的壓克力毛衣，可放入洗衣機洗。這類毛衣如雜有金銀線，千萬不可用弱鹼性清潔劑洗，以免引起腐蝕。因此，羊毛衣或壓克力毛衣最好都用中性清潔劑洗。

此外，壓克力毛衣也容易鬆垮和起毛球，洗濯時必須小心處理。

翻過來用溫水洗　洗濯前除了畫好紙樣以外，起毛球或髒的地方也要做記號，要領和洗濯羊毛衣相同。最初用攝氏三十度的溫水泡清潔劑，最後也用同溫度的水清洗。如果用攝氏四十度以上的溫水洗，或將毛衣拉長，就會永久變形而無法恢復原狀。為了預防起毛球，最好翻過來，先裝在洗衣網內，再放入洗衣機。

壓克力毛衣容易沾上髒東西，所以儘量不要和骯髒的衣物或纖維會脫落的衣物一起洗，弱鹼性清潔劑效果最佳。此外，洗衣機應調弱水流。最後一次沖洗時，如果加一些柔軟劑，就能預防產生靜電。

務必攤平陰乾　壓克力毛衣請務必脫水，再攤平陰乾。因為不脫水而直接掛在衣架上，毛衣會因重量而拉長、變形。領口和袖口最容易變形，所以，脫水後必須放在紙樣上整形，而且要像羊毛衣一樣攤平陰乾。

使用烘乾機或熨斗時，要注意溫度。用熨斗燙時不要拉，以免變形，而且要儘快燙好。毛衣如因水的重量而變長，重新洗一次可恢復到某種程度。

長褲

清理口袋拉上拉鏈

不宜在家中洗的 高級長褲一旦弄髒了，應該立刻處理。褲管下、口袋和拉鏈周圍最容易髒，必須先用刷子刷一刷，再拍一拍，但是，成套的不宜在家中洗，因為長褲水洗後可能褪色或變形。

洗前的預備步驟 除了套裝或羊毛等高級品以外，都可以用水洗。

平時穿的呢絨褲或捨不得穿的長褲，都應該用手洗，而合纖和混紡的長褲，放入洗衣機洗即可。

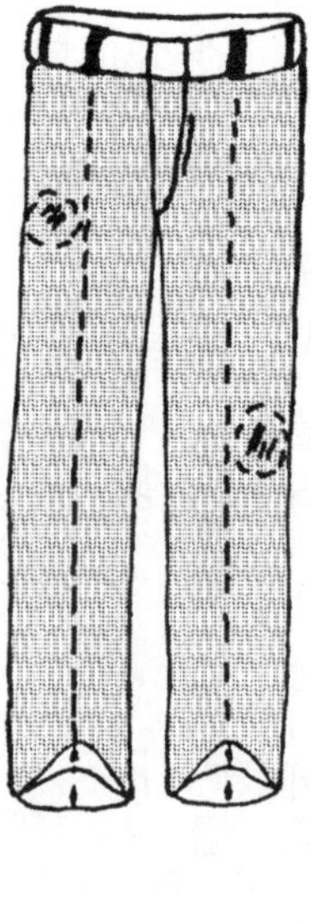

為避免長褲洗後變縐或走樣，就不得不做好準備工作。

不容易洗掉的污垢，最好先用線做記號，以免泡水後找不到。

長褲前線的上端和下端也要做記號，燙的時候才好燙。長褲口袋內和褲管下容易髒，要用牙刷仔細刷一刷，然後整件再刷一遍。此外，拉鏈務必拉上，釦子也該扣好。

不易洗掉的污垢可利用部分洗法處理

壓　洗　長褲有某些地方特別髒時，可利用刷子進行部分洗法，而將污垢刷乾淨。如果要放入洗衣機洗，必須先處理髒的地方。

褶成三褶的屏風褶再壓洗　洗長褲前，先依褲管的前線對褶，再褶成三褶的屏風褶，然後才放入清潔劑溶液中。無論羊毛或混紡的長褲，只要羊毛的比例高，就要用中性清潔劑洗，其他的用攝氏三十度左右的溫水泡弱鹼性清潔劑洗。

壓洗時，要比壓洗毛衣時稍微用力，不妨將身體的重心放在手上。

假如長褲很髒，清潔液很快就會變髒。所以，必須換新的清潔液，用相同方法再洗一次。

刷子垂直輕刷　部分洗時，將洗衣板放在容器邊比較方便，因為這樣可以自由調整勁道。

口袋、拉鏈附近、釦眼、褲管的前線、縫份等，都是較容易髒的地方，最好預先做記號，以便確定污垢是否洗淨。

部分洗時，用刷子較方便。如果為了一次就洗淨而猛刷，恐怕會傷及布料，所以必須輕輕刷。利用刷子進行部分洗法，最重要的是刷子和布面垂直，全部輕輕刷一遍。如果刷不掉的污垢，就朝同一方向多刷幾次，不可往返刷。褲管下的縫份可用刷子背拍一拍，而拉鏈附近或口袋的污垢，不妨用刮尺朝同一方向刮。

甩一甩再翻過來陰乾

褲管用安全別針固定再放入洗衣機

棉、壓克力、尼龍或混紡的長褲，都可以放入洗衣機洗。如有特別髒的地方，必須先用手洗，再放入洗衣機洗。

除了拉鏈要拉上，釦子也要扣好。因為洗衣機的衝擊，可能使拉鏈夾住其他衣物，損壞布料，或使拉鏈本身故障。

放入洗衣機前，要用安全別針固定褲管，以免褲管纏在一起。此外，口袋應該翻出來，這樣才洗得乾淨。

稍微脫水再翻過來陰乾　無論用手洗或洗衣機洗，都必須稍微脫水。

有人認為沖洗後直接由水中拿起來晾才不會縐，這樣雖沒錯，但是要晾很久。其實，只要褶好再放入脫水機，而且脫水時間不要太長，根本不必擔心長褲變縐。

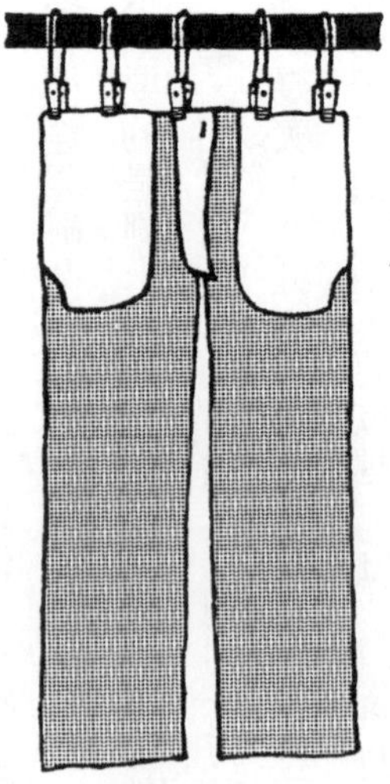

大致說來，合纖或混紡的長褲脫水十二秒最適當，而羊毛褲宜脫水二十秒左古。

脫水後，先甩一甩再翻過來，然後用夾子夾住長褲的腰身，掛起來陰乾。假如口袋中有髒東西，必須加以清理。

牛仔褲

為防移染，新品務必另洗三次

牛仔褲和棉質長褲一樣，都可以放入洗衣機洗。

不少年輕人認為會逐漸褪色而且質料輕的牛仔褲較有味道，難怪市面上有各種半舊牛仔褲。

深藍色的牛仔褲，是靛藍染料染出來的。將這種牛仔褲泡在水裡不會褪色，但是濕的時候摩擦就容易褪色。

洗新牛仔褲時，清潔液往往會變成深藍色。其實，牛仔褲褪色也無所謂，因為褪色的牛仔褲也別有一番風味。

洗牛仔褲最怕移染，所以，新牛仔褲務必另外洗三次，以確知褪色情形。

一般說來，個別洗三次以後，就可以和其他衣物一起洗。在這種情況下，水最好多放一些，以免因摩擦而褪色。

最近有些牛仔褲的款式非常優雅，如果擔心褪色，可翻過來洗，這樣或多或少可壓抑褪色。

裙子

褶山要做記號

高級裙子一旦弄髒，應該儘速處理，不要老是依賴洗衣店。三次中，有一次在家裡洗，不僅能達到節約的目的，而且一季都能保養得很好。

絹質、毛料等精緻的高級裙，不易處理，送到洗衣店洗較保險。

百褶裙如果褶經過特殊加工，就可以用水洗；而未經特殊加工的百褶裙最好乾洗，因為水洗後燙不出原先的褶。羊毛裙和喬琪裙容易縐，所以，要避免水洗，但是，平常穿的羊毛裙或有裡襯的絲絨裙，都可以手洗。至於棉或混紡的裙子，可用洗衣機洗，不過要快洗。

洗濯前　褶不多的裙子可在家中洗，洗濯後的處理非常重要，洗濯前的準備工作也不容忽視。

褶裙洗過後總得燙一燙，因此，洗之前應該用線在褶山上做記號。

併用刷子壓洗或放入洗衣機洗

洗濯裙子時，要特別注意裡襯，千萬不可泡水泡太久，否則不僅裡襯會縮水，布面也會變縐。

整件裙子都弄髒時，務必儘速洗淨，如果只弄髒一部分，就要花點時間進行部分洗法。

利用清潔劑和牙刷清理斑點　裙子上的斑點可利用清潔劑和牙刷清理，要朝同一方向刷。一般的斑點用濃一點的肥皂水洗，而蛋白性的斑點或泥垢，用含有酵素的清潔劑較有效。

洗裙子和洗長褲一樣，拉鏈要拉上，裙鉤要鉤好。

手洗前褶成縱式屏風褶　先用溫水溶化標準量的弱鹼性清潔劑，再將褶成縱式屏風的裙子放入溶液中。

首先，將手指張開快速壓洗，若還無法洗淨，就將裙子放在洗衣板上，仔細刷一刷拉鏈周圍和裙襬，也能用刮尺刮一刮，或用刷子背敲一敲。

洗褶裙時，務必將褶山攤開來洗，以免留下髒的縱線。

放入洗衣機洗時，調到強速洗五分鐘即可，為了徹底洗淨，髒的地方必須先部分洗。

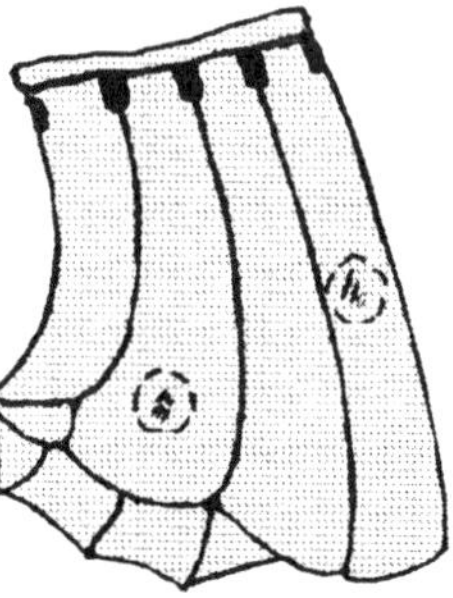

1. 特別髒的地方或褶山都要用線做記號
2. 絹裙或羊毛裙等高級品宜乾洗
3. 平常穿的羊毛裙或有裡襯的絲絨裙可用手洗
4. 棉或混紡的裙子可放入洗衣機洗

捲乾或脫水後晾乾

羊毛裙最後要加柔軟劑　洗掉裙子上的污垢以後，必須用大量清水沖洗。

如放入洗衣機洗，可直接加水清洗；手洗時，容器內的水必須換新，而且要多壓洗幾次。此時，應該拿住裙腰左右搖一搖，以便抖掉肥皂水，大概換兩、三次水即可洗淨。

洗濯羊毛裙時，最後的清水最好加一些柔軟劑。這樣做，不僅纖維的硬感會消失，還能壓抑靜電。

質料細緻的裙子用浴巾捲乾　普通裙子可放入脫水機脫水，但是，質料細緻或易縐的裙子就不宜脫水，沖洗後應該褶好放在板子上，先用手壓掉水分，然後平放在浴巾上，連同浴巾捲成圓筒狀，即可除去大部分水氣。

如要利用脫水機，必須將裙子褶好，脫水時間以二十秒至三十秒為準，脫到不會滴水的程度。

脫水後，先整形再翻過來，然後將裙腰固定好，掛起來晾乾。

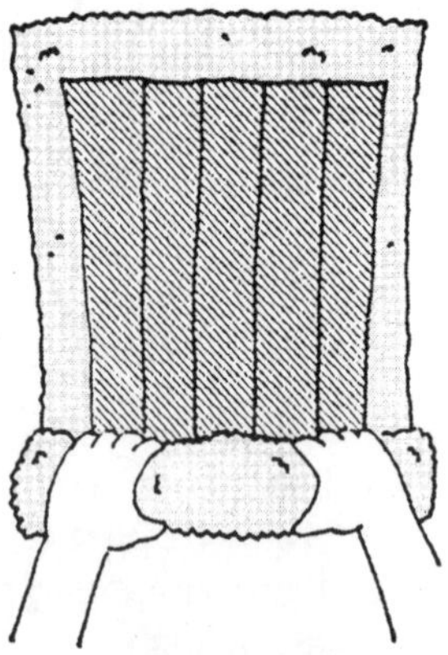

捲成圓筒狀

選用不含螢光劑的清潔劑洗天然纖維的裙子

前面已介紹過裙子的基本洗濯法，在此針對質料和種類說明應注意事項。

孩子穿的裙子應拆開裙襬再洗　孩子的裙子多半要放長，所以，在穿完一季以後，務必將裙襬的縫份拆開來洗，以免留下髒的褶痕。

天然纖維裙不可用含有螢光劑的清潔劑洗。最近，市面上有很多天然纖維的裙子、長褲和上衣。

白襯衫本來就是用螢光染料染的，洗濯時如果太用力，染料恐怕會脫落。為了預防發生這種問題，通常在清潔劑中加入適量螢光劑。

為保存天然纖維裙的本色，以及特殊的質感，不宜選用含有螢光劑的清潔劑洗濯，否則原先的淡黃色就會變成白色。

淡粉紅色或淡黃色等粉彩色調的裙子也一樣，顏色原本就相當淡，所以，一碰到螢光劑就會變得模糊。

不只裙子，只要是這類色調的衣物都不宜接觸含有螢光劑的清潔劑。

那種清潔劑最適合？一般說來，洗毛衣或漂亮衣物，無螢光劑清潔劑或洗衣粉皆可。

萬一衣物被螢光劑洗白了，就要改用不含螢光劑的清潔劑來洗，雖然不可能完全恢復原狀，但螢光劑掉落以後，自會逐漸接近本色。

女衫

處理汗臭或斑點的要領

用噴霧器和毛巾處理汗臭　洗女衫時，無論再怎麼細心，洗的次數多了，顏色就會褪，感覺也會差一些，所以不要常洗。如果只穿一次，根本不髒，只是有點汗臭味，那麼處理汗臭即可。

加金銀絲的女衫或醋酸纖維的女衫一旦有汗臭味，務必立刻脫下來處理，否則可能會局部變色或褪色。脫下來以後，先將整件衣服翻過來，接著將領口和腋下噴濕，然後用乾毛巾拍一拍。

不可太濕

絹、羊毛和嫘縈以外的女衫，都可以利用這種方法處理，不過不能噴太濕。經常採用此法，可使洗衣次數減半。

留意附屬品的處理　洗濯前，必須確認標示的附屬品處理方式。最近有很多新型鈕釦，有些洗了會裂開或褪色，所以，無論送出去乾洗或在家中水洗，最好都將鈕釦拿下來。

利用杯子和刷子處理局部的污垢

初次洗應注意褪色情形　印花女衫或多色彩的女衫，初次洗時務必留意褪色情形。試驗的方法很簡單，只要用微濕的毛巾在領口或下襬摩擦五、六次，就可以看出來。假如褪色情形很嚴重，最好送到洗衣店洗。若是稍微會褪色的女衫，可用手洗，和其他衣物分開洗，無論洗衣或脫水都要快。

髒處可拍洗　領口、袖口和腋下最會沾上灰塵和汗臭，所以容易髒，如果只有這幾個地方髒，進行部分洗法即可。

首先，將一杯水放入容器中，滴兩、三滴液體的中性清潔劑，另一邊將洗衣板斜放，要洗的部分放在斜面上，用水將它淋濕。

洗濯的方法，是用刷子敲打。刷子要拿斜的，用毛的側面敲。特別髒的地方，刷子必須和布面垂直，才能刷乾淨，至於蕾絲或荷葉邊，不妨用刷子背輕輕敲。

髒洗掉了，就用杯子將它沖乾淨。接著，用毛巾將濕的部分壓一壓，以吸收水分。最後，將縫份和縐紋撐開，掛在衣架上，放在室內陰乾。

用毛的側面敲打！

可能褪色的女衫宜速洗

無論用洗衣機或用手洗，都不可在清潔液中泡太久，或濕濕的擱置在一旁，以免褪色或移染。因此，應選擇不會被打斷的時間，而且準備好一切物品，以便一口氣洗完。

泡好清潔液就洗　放入洗衣機洗時，要用乾淨的清潔液。如直接將衣服放入洗衣機內，恐怕會褪色或扭成一團，所以應該用洗衣網。

手洗時並用部分洗和壓洗　盆子裡先裝水，再放入標準量的中性清潔劑。將衣服摺成屏風摺以後，才泡在清潔液中，用手輕輕壓洗，通常即可洗淨一般污垢。假如領口、袖口未洗淨，不妨用兩手左右開閉洗，也可利用刷子進行部分洗法。

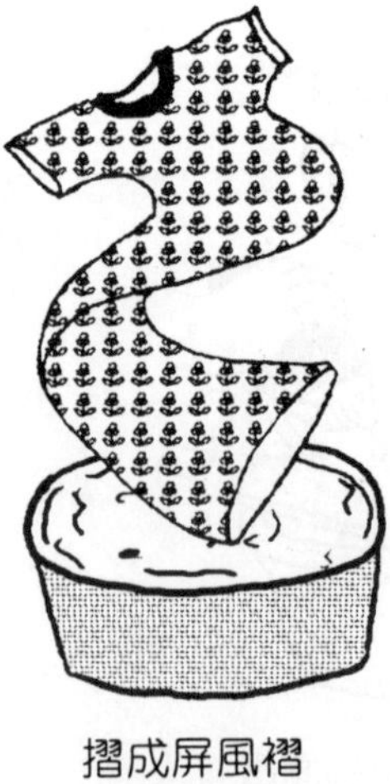

摺成屏風褶
再輕輕壓洗

天然纖維和淡色的女衫用不含螢光劑的清潔劑洗　未染色的天然纖維女衫或淡色女衫一旦接觸到螢光劑或漂白劑，就會逐漸變白；為防止變色，只好選用不含螢光劑的清潔劑來洗。

稍微脫水再拉平陰乾

洗兩、三次，脫水時間宜短　用洗衣機洗時，由於隔著一層洗衣網，所以要多沖洗幾次，以便徹底將肥皂水沖乾淨。手洗時，至少要換兩、三次清水沖洗。

有一種方法是不脫水，直接由水裡撈起來陰乾，但這樣做並不保險。為預防顏色暈開，還是稍微脫水較好。

脫水時間宜短，尤其是醋酸纖維製品絕不能脫水太久，因為它容易產生細小的縐紋，即使用熨斗燙或重洗，也無法恢復原狀。

一般說來，聚酯纖維，壓克力和尼龍等合纖製品，脫水十五至二十秒；綿衫脫水一、兩分；而醋酸纖維脫水五秒至十秒即可。由脫水機取出衣服後，應該先將縫份和縐紋拉平並適當地整形，才掛在衣架上陰乾。

金屬鈕釦不可泡在漂白劑中　洗濯的最後過程如果加入適量的柔軟劑或漂白劑，衣服穿起來會較舒服。

綿衫洗幾次以後漿一次，穿起來就很挺，在化學纖維的女衫中加少許柔軟劑，便可保持柔軟度。必須注意的是，柔軟劑或漂白劑應依衣服的質料分開使用。

漂白劑不可亂用，必須依標示使用，而且要留意附屬品。漂白劑會腐蝕金屬鈕釦，所以，漂白前要將金屬鈕釦拿下來。漂白時當然應避免使用金屬製的容器。

一件式連裙裝

夏裝用多量的低溫清潔液搖洗

何種一件式連裙裝該送出去乾洗，何種可在家中洗呢？判別標準與女衫同。

處理汗臭和局部污垢的方法，也請參照女衫部分。有螺縈裡布的一件式連裙裝不宜沾水，以免縮水或變形，故送出去乾洗最保險。

整件都要洗時，為縮短泡水的時間，髒的地方必須先拍洗，再放入清潔劑溶液中整件洗。

中性清潔劑溶低溫的水以後，應該立刻洗濯。此時不必用水預洗，因為這樣做容易使衣裳褪色。最好選擇大一點的洗衣盆，比較好洗。

下襬最先泡入清潔劑溶液中，接著依次泡入，最後放入的是領子。

洗的要領，就是雙手拿著領子上下振動。假如太髒，可進行部分洗法，效果相當好。欲除去夏裝的汗臭，這些都是理想的方法。

不太髒也沒什麼汗臭味的衣服，通常摺成屏風褶再壓洗即可。領口和袖口較容易髒，可用抓洗。

由水中取出時要雙手捧

綿製品至少要沖兩次水，而合纖製品只要沖洗一次，因為清潔劑不易附著在合纖上。含水的纖維容易拉長，因此，由水中取出時務必雙手捧，脫水還是以十秒至十五秒最恰當。

脫水後，應該徹底甩一甩。先拿著衣服的上下，向前後快速振動，然後拿著前身，搖一搖袖子。

大縐紋弄平後，衣服中會有空氣，所以要將它掛起來，弄平縫份的小縐紋，並且適當地整形。

經過以上的處理後，再將整件連裙裝翻過來陰乾，不可曬太陽，以免變色或褪色。最好掛在室內通風良好的地方。

針織品吸水以後會變得很重，不可濕答答的掛在衣架上，否則會變形。正確的處理方法是：先在椅子上放一條浴巾，讓針織衫如坐椅子般掛著，等大部分水分都被浴巾吸收了，再掛在衣架上陰乾。

掛在衣架上時，拉鏈要拉上，可是鈕釦要打開。如果潮濕時鈕釦都扣上了，陰乾後釦眼會變得很明顯，實在有礙美觀。

領帶、領巾

領帶用揮發油洗，注意火和通風

利用揮發油處理局部的污垢　領帶的局部污垢可利用揮發油處理，不過裡面一定要裝襯。如果打結的地方髒了，運用去污的要領處理即可。

中空的領帶務必要襯。襯的製作很簡單，只要將包裝紙摺成可放入領帶內側的大小，再摺成比領帶小一公分的大小，然後纏上布放入領帶內，最後抽出包裝紙。

接下來將領帶放在毛巾上，利用噴霧器噴揮發油，再用毛巾擦一擦。

此外，髒的部分也可用紗布或刷子拍一拍。

整條放入廣口盆洗　無法裝襯或部分洗法無效時，就利用揮發油洗整條領帶。

首先，將一百毫升的揮發油倒入廣口盆中，接著，將捲成筒狀的領帶泡在揮發油中，利用竹筷壓洗。特別髒的地方，就放在板上，用刷子輕輕刷，刷掉污垢後將它夾在毛巾內，用力壓掉揮發油。

用這種方法可輕易去除絲、絹或羊毛領帶上的污垢。但是，揮發油易燃，務必留意火和通風；最好選擇離火遠，而且通風良好的地方，窗戶一定要打開。

燙平和除污一樣，都要裝襯。用電斗燙時，只要輕輕燙，就不致壓扁領帶，能美挺如新。

領巾可用淡的低溫清潔液水洗

為了不損絲質領巾的色澤，送出去乾洗最好，但乾洗未必能洗淨一切污垢。如果懂得水洗的要領，水洗也無妨。

水洗前，應該先用濕毛巾試驗褪色情形，萬一會褪色，就儘量避免水洗。假如只是輕微的褪色，仍然可以用水洗，但要速洗。

清潔劑溶液太濃或水溫太高，都會損及領巾的色澤。

正確的處理方法是：用攝氏二十度以下的溫水泡低於標準量的清潔劑。髒的部分可用刷子背面敲打，其他部分用壓洗的方式處理。想讓領巾挺一點，可在清洗後漿淡淡的化學漿。

由水中撈出領巾後，必須攤開，別讓它們疊在一起。將它們摺成適當大小夾在毛巾中，即可除去水分。

有點潮濕時，就用比「中」稍高的熱度燙，燙出來的領巾才會好看；燙法請參照後文。

利用浴巾吸收水分

緊身衣、T恤

注意漂亮緊身衣的附屬品

緊身衣和T恤，穿起來活動自如又舒服，所以廣受喜愛。洗起來輕鬆，也是它們的一大優點。

大部分緊身衣和T恤，都可以放入洗衣機洗，不過，也有一些不可隨便扔入洗衣機。

最近，緊身衣和T恤愈來愈漂亮，有漂亮的色彩、有印花的，有些還附有金屬飾物。為避免破壞式樣，必須配合各種條件來處理。

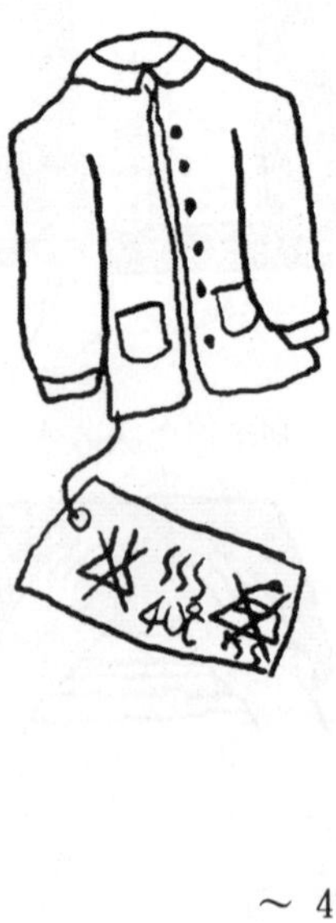

大部分纖維的質料，都是百分之百純綿的，而合纖混紡的，就配合弱纖維的處理，通常是裡面用毛圈織法，為的是增進吸汗力。相反的，有些是表面採取毛圈織法。無論那一種織法，都容易積存洗濯中的髒物，所以，纖維容易掉的，應該另外洗或翻過來洗。

至於象牙色、淡黃色或粉紅色的，最好選用不含螢光劑的清潔劑洗。

染色和印花T恤的處理

深色T恤必須先確定褪色情形

最近的綿質T恤色彩都很鮮艷，用的染料多半是不怕洗、不褪色的。可是一般紅、深藍和黑色等染料，都比較不耐洗，而且常會暈色或移染。

放入洗衣機洗倒是無所謂，不過要是泡久了，恐怕就會褪色，所以，必須先試驗褪色情形。

利用溫水溶化稍微多於標準量的清潔劑，將不易看到的部分先泡五分鐘，或放一塊白布在上面，如果顏色變了，或移染到白布上，表示不宜泡水太久。

表面印花的T恤用手洗較安全

表面印有大圖案的T恤，裡面多半沒印花樣。這是轉寫捺染法的運用，也就是先將軟片印刷的圖樣壓在布上，再加熱印出來。

這類T恤用洗衣機洗幾次以後，表面的顏料就會產生裂紋，接著逐漸掉色。放入洗衣機洗時，假如先裝在洗衣網中，或調弱水流，或多或少可減低這種損傷。為了延長衣服的壽命，最好還是用手輕輕地洗。

硫化染料的T恤不可漂白　有些T恤是硫化染料染成的，簡言之，就是染料中含有硫黃。這種T恤一接觸到漂白劑，不是變色就是破損，因此，購買時務必留意標示內容。

睡袍

夾有綿絮的睡袍應經常曬太陽

先部分洗再放入洗衣機洗　洗濯前必須仔細檢查一遍，看看有沒有特別髒的地方或斑點。通常領口、袖口和下擺的縫份最容易髒。特別髒的部分，只要倒一些衣領精，再用刷子刷一刷即可。萬一還刷不掉，就再倒一次衣領精，過一會兒再刷。

放入洗衣機內速洗　特別髒的部分都處理好了後，就將整件放入洗衣機洗。這時，調反轉普通水流，洗一分鐘左右最恰當。接下來的沖洗和脫水時間都要短，頂多脫水十五秒。由脫水槽取出後，應該先拍平下襬的縐紋，然後依序拍到領子。

快乾前應直接曬太陽讓它鬆軟　掛在衣架上過了一會兒，水分就會集中在袖口和下襬，可利用毛巾吸收水分。如果擔心褪色，可讓它自然陰乾，但是，內夾綿絮的最好曬曬太陽，好讓綿絮鬆軟，這樣穿起來才舒服。總之，有顏色的，也應該在快乾前稍微曬一下太陽。

伸手撐開楊柳綿和燈芯絨睡袍的寬度

晾楊柳綿的睡袍前應將它撐開　楊柳綿睡袍可說是夏季的寵兒，原因在於觸感良好，能吸汗又好洗。它最大的缺點，就是水洗後容易變窄。因此，由脫水槽取出後必須用手將它橫向撐開。此外，晾乾後還要用蒸氣熨斗燙一燙，並且加以整形，調節長度和寬度。

利用蒸氣處理燈芯絨睡袍的縐紋　燈芯絨上衣或長褲，都要先翻過來，才能放入洗衣機洗。

深色染料容易褪色，所以，新品應個別洗幾次，以確定褪色情形。洗好以後和楊柳綿睡袍一樣，要先撐開再晾，如此一來，倒的毛才會再站起來。

穿過後，如果毛倒了，或者變縐了，可掛在浴室讓蒸氣薰，或用蒸氣熨斗噴一噴，自然會逐漸恢復原狀。

圍裙的漂白

圍裙應該常保清潔，因為弄髒（沾上油或醬油等佐料）的圍裙（即使顏色稍微褪了）做家事，心情自然不愉快。

如果圍裙弄髒了，應該立刻用水拍一拍，到時候比較好洗。用漂白劑漂白時，一定要小心；有金屬品的部分千萬不可漂白，否則不僅金屬品會生銹，周圍的布也可能破損。

日式浴袍

褶疊後壓洗，加醋定色

先檢查髒的情形　只穿一次，沒什麼汗臭味的浴袍，只要用清水洗一洗就可以了，不必用清潔劑。洗濯前，應該仔細檢查一遍，尤其是領口、袖口和下襬。如有污點，就先將那部分稍微弄濕，再用牙刷沾中性清潔劑在上面拍打。

褶好壓洗　下襬留十至十五公分，縱式褶成三褶，再浸泡在裝好水的洗衣盆或洗衣機的水槽。用兩個手掌壓出汗臭或污垢，再加入中性清潔劑壓洗。

一般，五到八公升的水加一・五至二小匙中性清潔劑，洗濯效果最佳。容易髒的下襬應該充分搖洗，領口和袖口則應輕輕敲洗。

利用醋防止褪色　洗完以後，不要扭轉，要拿著兩端，如往內彎般的擠水。

放在洗衣機的水槽清洗時，不必攤開，直接以壓洗的方式清洗即可。這時，加入稀釋二十倍的食用醋，可有效防止褪色。

清洗完畢，可用化學漿漿。漿的標準濃度是三、四杯水加一、兩小匙化學漿。

首先將浴袍平放，接著將調好的漿倒在上面，用手輕輕拍一拍，然後翻過來，好讓整件都漿到。漿好以後，將褶好的浴袍捲成筒狀，放入脫水機脫水二十秒至三十秒。

最後還要拍平縐紋　由脫水機取出浴袍後，先將它摺疊好，再由下襬依序拍平縐紋。

縫合處不僅不容易乾，又容易變縐，所以，要仔細用手撐開，晾在竹竿上。為防止變形，領口和袖口最好用夾子夾住。

等到半乾了，就將它拿進來，先摺好再夾在草蓆下，如果家裡沒草蓆，就裝在塑膠袋內，上面放幾個坐墊，在通風處放上半天，就可以收起來了。

放入洗衣機時，務必將領子固定好。染有圖樣、混紡或縫紉機的浴袍，都可以放入洗衣機洗。想判斷染料的種類很難，所以，第一次還是用手洗較保險。

用洗衣機洗時，為避免領子纏繞在一起，洗濯前，應該用兩條綿線固定領子部分。

裝入較大的洗衣網　洗濯當睡衣穿的日式浴袍時，領口和袖口必須先簡單地用手洗，摺好，才放入較大的洗衣網內。利用洗衣機洗時，無論洗和沖洗的時間都要短，也不宜和其他衣物一起洗，或用第二次的洗濯水來洗。

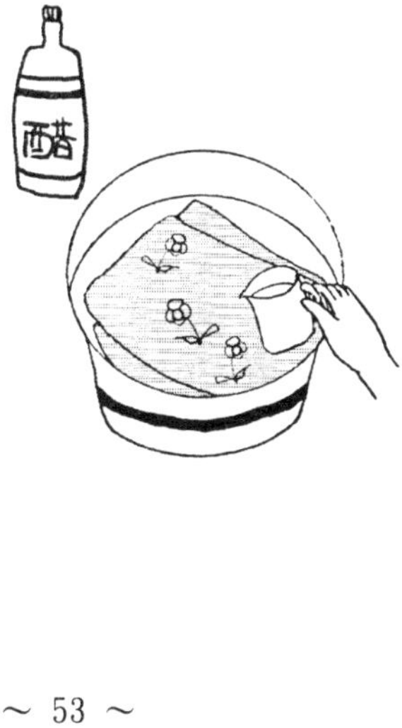

泳裝、海灘裝

泳裝不可濕濕的擱著

每年春天，服裝界都會發表最新流行的泳裝，無論款式或色彩都琳琅滿目，難怪消費者會動心。近來，冬天也有很多人到溫水游泳池游泳。所以，不少人一年到頭都用得著泳裝。

常聽一些人說他們的泳裝局部褪色。為什麼會發生這種問題?主要是因為游泳後泳裝未經適當的處理。

為了保持衛生，游泳池的水都加漂白粉或次亞鹽素酸鈉消毒，它們都具有漂白作用。泳裝穿到游泳池游泳後，如果濕濕的擱置久了，就會因漂白作用而變色或褪色。

在游泳池畔休息時，應該先用清水淋浴，以便將泳裝上的漂白成分沖掉；游泳完畢，必須用清水洗淨泳衣。

回家以後，務必儘速將泳裝放入中性清潔劑溶液中壓洗，然後脫水。由脫水槽取出後，除了整理罩杯形狀以外，整件都要適當地加以整形，再掛在衣架上陰乾。

欲延長泳裝的壽命，最好的方法便是依用途選擇。

最近，比賽用的泳裝都很流行，它比一般泳裝薄。如果穿這種泳衣和孩子一起在滑梯上滑，恐怕會磨破，所以，要小心一點。此外，購買時應該注意標示的處理方式。

洗硬了的毛巾布海灘裝可加柔軟劑

在游泳池畔或海灘上披的海灘裝，多半是毛巾製成的，穿上它可讓人覺得輕爽又舒服。

一般說來，海灘裝的顏色愈鮮艷，愈容易褪色，因此，洗濯時不可濕濕的擱太久。放入洗衣機時，也不要洗太久，應該速洗速晾。如果用手洗，洗完立刻扭乾，掛在衣架上曬太陽。

海灘裝洗幾次以後，通常會變硬，觸感就不如新品。在這種情況下，加一些柔軟劑可使它恢復某種程度的柔軟性。但是不可加太多，否則會影響吸水性，最好依標準量稀釋。

太陽眼鏡的保養

太陽眼鏡經過海風一吹，無論鏡片或鏡框，都會濕濕的，如果不加處理，很容易變舊。因此海水浴後，除了洗濯泳裝，也別忘了保養太陽眼鏡。

利用溫水溶化中性清潔劑，將太陽眼鏡泡在清潔劑溶液中搖洗一番。

鏡片和鏡框之間最容易髒，可用軟毛牙刷刷掉污垢，洗淨後，讓它自然乾。這可延長眼鏡的壽命。

運動衫

配合質料性質的洗法

色彩鮮艷的運動衫不可泡水太久。運動衫有各種顏色，其中以紅白和黃黑的組合居多。洗濯方法如果不正確，深色染料很可能染到淡色部分。

所以，運動衫應避免浸泡在漂白劑劑溶液中，最好在短時間內洗濯完畢。

除了移染到淡色部分以外，也可能移染其他衣物，所以務必先確知褪色情形，才能考慮是否和其他衣物一起洗。

尼龍製的袖口要用低溫燙。有些運動衫的袖口或下襬是尼龍的，不是綿的。

在這種情況下，如果熨斗調到綿的適溫（攝氏一百八十度至兩百度），尼龍的袖口或下襬，就會因高溫而熔化，衣服也就報銷了。

正確的處理方法是：綿的部分用綿的適溫燙，尼龍部分用尼龍的適溫燙，亦即用各自的適溫個別燙。

各種纖維的電熨斗適溫

纖維名稱	熨斗的溫度(℃)
綿、麻	180～200
毛、絹	130～150
嫘縈 人造絲 聚酯 維尼龍	130～150
酯酸纖維 三乙酸酯 尼龍 丙烯酸纖維	110～130
丙烯酸纖維系 聚丙烯 聚亞胺酯	90～110

聚氯乙稀製品不可燙　打高爾夫球和網球所穿的毛衣或背心，常用聚氯乙稀製成，因為它不怕汗和陽光，而且保溫性良好。

洗濯這類毛衣或背心時，不會有什麼問題，必須注意的是不能用熨斗燙；主要原因在於它的耐熱性低，在攝氏六十度左右的高溫下，它就會縮小。

所以，洗濯後最好不要放烘乾機烘乾，也別用熨斗燙平。

有些聚氯乙烯製品耐熱性較好，但是也無法耐高溫，在攝氏一百零五度的高溫下就會開始縮小。

正確做法依標示處理，如果標示內容是以外文書寫，購買時務必問清楚。送到洗衣店時，也要告訴對方那是聚氯乙烯製品。

聚亞胺酯的長褲不可拉長　這種纖維非常結實，而且伸縮自如，運動服裝常採用。

劇烈運動或摔倒，都可能使聚亞胺酯長褲的線移動到一個方向，而無法恢復原狀。因此，不可將這種長褲拉長，而漂白時務必用氧系漂白劑。

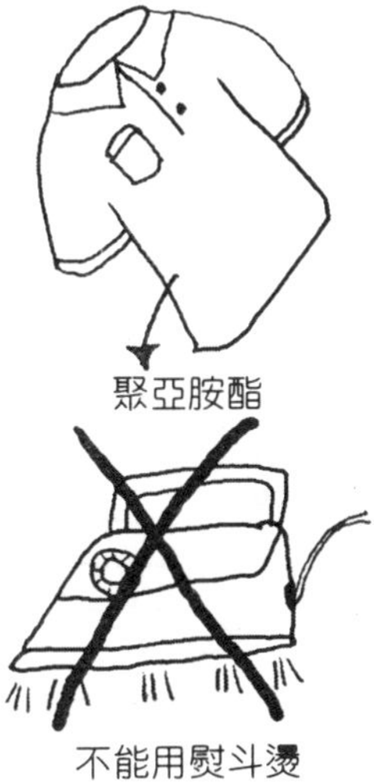

滑雪裝

洗過後性能較差要常維護

滑雪裝質料特殊，水蒸氣能通過，但水無法滲透過。這種防濕防水的加工洗過後，性能會降低，所以平時要多保養，儘量減少洗的次數。

領口和袖口通常較容易髒，如果其他部位都不髒，那麼，用中性清潔劑擦一擦領口和袖口的污垢就可以了。一定要陰乾才能收起來存放。

夾綿的化學質料上衣不可乾洗　為提高保溫性，而利用金屬反射質料製成的化學外套多半不可乾洗；因此，洗濯前務必看清標示的處理方式。萬一有破洞，應該先修補好再洗。

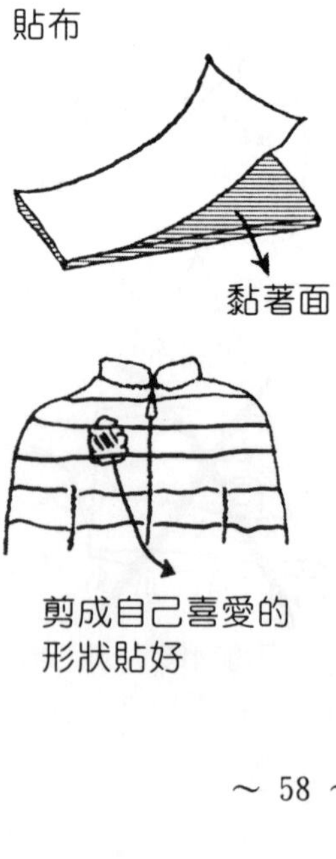

滑雪裝破損，必須用專手的膠布貼。這種膠布依質料別共有十五色，可剪成自己喜愛的形狀，貼在破損的地方。滑雪裝專用的貼布，各體育器材店均售。

滑雪鞋的內層不能洗　滑雪鞋的外側部分可用市售專洗滑雪鞋的清潔劑洗，可是內層絕對不能洗。

連褲緊身舞衣

擔心深色新舞衣移染可個別洗三次

連褲緊身舞衣多由綿和尼龍龍製成，有時表面用尼龍，而裡面用綿，主要是為了提高吸濕性。

此外，為加強緊身效果，大部分都摻有聚亞胺脂纖維。

前三次個別洗以確定褪色情形　任何衣類都一樣，新的布面都殘存了一些染料。第一次洗濯時，洗濯液可能被染成衣服的顏色，那是因為表面上的染料掉落所致，洗幾次以後，大概就不會發生這種問題了。

但是，和其他衣物一起洗時，可能會移染。因此，最初三次應個別洗，等到不掉色，才可以放入洗衣機洗。

綿和尼龍的舞衣不怕洗，而且不容易髒。為保持良好的伸縮性，最好裝入衣網內，再放入洗衣機洗。從洗到脫水，時間都要短。

撐開拉平才陰乾　由脫水機取出舞衣後，上下左右拉一拉，再拉向彈性大的方向，並且適當地加以整形，尤其要檢查縫份是否縮在一起。掛在衣架上陰乾前，必須先將毛巾捲在衣架上。

孩子的遊戲裝

洗濯前必須檢查口袋

檢查口袋　孩子們一旦發現有趣的東西，都習慣性地往口袋塞。如果口袋鼓鼓的，裡面一定有東西，但是，只由外表看還是不夠保險，最好仔細檢查每個口袋。

例如，未發現孩子口袋內的色紙，而將衣服拿去洗，就會很麻煩；因為色紙的染料移染後，衣服很難恢復原色。

洗濯過程中發現這種問題，應該立刻取出衣服，沖洗被移染的部分。

如果是深色衣服，經過處理就不大明顯。可是白色等淡色衣物還是一眼可看出移染的痕跡。

有些質料不能漂白，所以，務必先確定可否漂白。

白色衣物通常用氯系漂白劑漂白，而有色衣物多用酸素素漂白劑漂白；經過適當處理後，移染的痕跡就會逐漸變淡。

儘速處理斑點　孩子貪玩，衣服上可能沾到巧克力或墨水等，這種衣服不容易處理。

遊戲裝有斑點也沒關係，不過總是不太雅觀。其實，弄髒的衣服只要儘速處理得當，未必洗不乾淨。

總之，一發現斑點應儘快處理。大致說來，水溶性的斑點用冷水或溫水沖洗，而油性斑點必須利用揮發油擦洗。經過這種應急處理後，洗濯時就省事多了。

泥污可用房子的清潔劑洗

現在的孩子很少玩泥巴，可是在操場上跑跳，衣褲難免會弄髒，有時洗起來很麻煩。

洗濯有泥污的衣褲之前，應該先用刷子刷掉泥巴。如果是在雨天沾上泥巴，等它乾了再擦一擦，表面的泥污就很容易擦掉。

至於特別髒的污斑，可用刷子沾洗房子的清潔劑，直接在上面刷一刷。

洗房子的清潔劑除污力特強，應可洗淨各種污斑。先做好這種處理，再用普通的清潔劑洗濯即可。用水洗或用洗衣機洗都無所謂。

洗濯上體育課穿的白色綿褲時，如在洗濯液中加一些漂白劑，先做漂白處理，就不難洗淨了。漂白液必須蓋過綿褲，特別髒的部分大概要浸泡一晚，翌日再加入清潔洗濯。

平常穿的便服弄髒了沒關係，但是下雨天該孩子們穿出門的衣服卻很令人擔心。水洗不易洗淨的質料，應該儘量避免讓孩子在下雨天穿，無法避免時，就在出門前噴一些防水膠。這種方法也適用於大人的外出服。

尿布、尿褲

尿布一定要用漂白劑或溫水殺菌消毒

先沖掉大便　尿布上的穢物，應儘可能當場處理掉。

洗濯尿布時，應該先在馬桶上沖掉大便，沖洗時要拿好，以免掉入馬桶內。沖洗完畢後，再放入預先準備好的洗淨漂白劑溶液中，如此一來，洗淨和消毒便一次完成，既省時又省事。

只用清水洗濯固然省事，但若經常如此，尿布根本無法徹底洗淨。因此，無論用手洗或用洗衣機，都要常用清潔劑仔細洗濯。清潔劑或洗濯如果殘留在尿布上，可能引起尿布疹，所以，用量宜低於標準量，而且確實沖洗乾淨。

有尿布疹時用熱水消毒　嬰兒的皮膚細嫩，對刺激的抵抗力各不相同，依善通洗法，有時會傷及嬰兒皮膚。

漂白劑不會直接刺激皮膚，不過也可能引起尿布疹，假如尿布疹久久不癒，應換另一種尿布，或改變洗濯方式，例如，不用漂白劑，只用肥皂水洗，或看情形用熱水消毒，採行煮沸消毒法等。

①
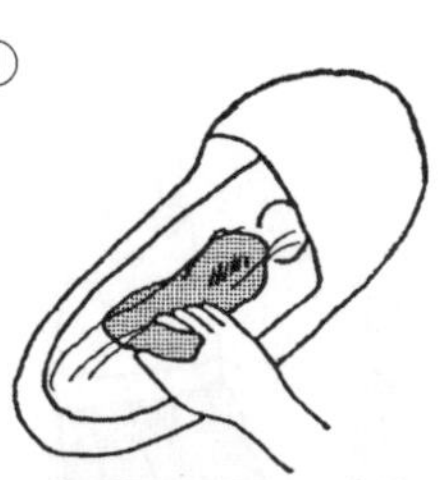
拿穩在馬桶上沖洗

②

洗濯後讓陽光直射到完全乾燥

濕尿布是尿布疹的一大誘因　洗淨的尿布務必讓陽光直接照射，直到完全曬乾為止，因為日光具有消毒作用。晾到半乾時，可用電熨斗熨燙，不過濕的尿布最好不要燙。

洗濯多少次後，尿布會逐漸變硬，所以，曬乾的尿布應該先搓揉再摺疊。在清潔液中加入柔軟劑，也是預防尿布變硬的一種方法，可是不能加太多，否則會影響了吸水性。總而言之，不要每次都加柔軟劑，偶爾加幾次即可，而且用量宜低於標準量。

尿布套可用洗衣機洗　換尿布時，尿布套也要換，趁著不太髒的時候用濕毛巾擦一擦，讓它自然乾。

羊毛製的尿布套必須先裝入洗衣網，而壓克力製品要翻過來洗，乙稀纖維製品則可直接放入洗衣機洗。至於防水性差的尿布套，不妨噴一些氟素系防水劑，等乾了再使用。

尿布粉紅化

有時尿布會出現紅斑或略帶粉紅色，這是髒尿布擱置太久，洗濯時又未經殺菌處理所致。將這種尿布放在顯微鏡下，即可看到許多酵母和細菌。如有這種情形，尿布就不能再讓嬰兒用了。

以前，媽媽們多半用熱水或沸水消毒尿布，再利用日光殺菌。現在有漂白劑很方便，洗濯時務必消毒，尿布衛生第一。

嬰兒的衣物

利用消化酵素製劑洗濯牛奶弄髒的衣物

嬰兒成長的速度快，身體的新陳代謝也很活潑。如果將汗或皮脂弄髒的方服，還讓嬰兒穿在身上，細菌或黴菌就會在皮膚上繁殖。嬰兒的衣物清潔第一，第二是不傷皮膚。選購的四大原則，便是吸汗、通氣性和保溫性良好、耐洗，綿製品無疑是最合適的。

內衣裝入洗衣網　嬰兒的內衣應裝在洗衣網內，再放入洗衣機，只能和不髒的衣物一起洗，在清潔的洗濯液中洗一分鐘最恰當。如果洗濯時間太長，衣服容易縮水或變硬，穿起來就不如新品舒適。洗濯完畢，務必徹底沖洗乾淨，脫水後晾乾。

嬰兒的衣物上如有殘留清潔劑，可能引起皮膚過敏，所以，最好別別和大人的衣物一起洗。

放入全自動洗衣機洗時，應該多沖一次水。領口等處的污垢和皮脂如果沒洗淨，就會局部變黃，在這種情況下，可利用嬰兒專用的漂白劑漂白。

圍兜髒了立刻洗　嬰兒的圍兜沾上牛奶或食物，應該立刻換下來，用清潔劑手洗，平常為預防帶子縮水，都先裝在洗衣網，才放入洗衣機洗，但是，這樣未必能完全洗淨。洗過後最好檢查一遍，必要時可加點清潔劑揉洗。

牛奶弄髒的衣物用消化酵素製劑洗濯

牛奶造成的黃斑只要不放太久，在清潔劑中加入酵素即可洗淨。不過，時間一久，加酵素也無效。

遇到這種問題時，可將胃感覺不舒服吃的胃藥或消化酵素製劑溶入水裡，再用牙刷塗在髒的地方，然後整件泡在攝氏四十度的熱水中。經過以上處理後，再依普通洗濯即可。

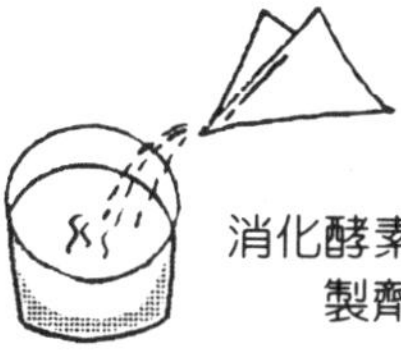

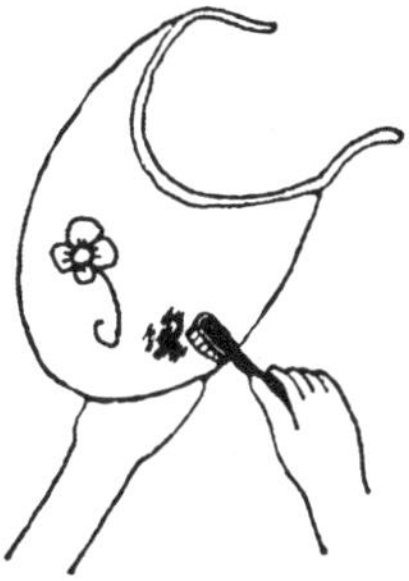

必備的嬰兒衣物

下列都是必備的嬰兒衣物

- 內衣三、四件，開襟的或繫帶子的皆可。二至六個月大的嬰兒穿。
- 長袍三、四件。
- 睡衣兩件到四件。
- 尿布（四打左右）和尿布套
- 嬰兒用的毛毯四至六條。
- 浴巾（綿布、毛巾布或紗布）。

冬季還需要毛衣、毛襪和帽子等。

選購嬰兒衣物的重點，包括吸水性、通氣性、保溫性、寬鬆好穿等。嬰兒不要穿太多衣服，母親應依氣溫適度地為嬰兒加減衣服。

套裝

簡易的洗法可充分除塵

晴朗的日子簡易洗法　必須送出去乾洗的套裝，也可以選個好天氣，將灰塵拍一拍，並且設法刷掉污垢。如此一來，不僅可減乾洗的次數，也能延長衣服的壽命。

拍掉灰塵　套裝應該偶爾曬曬太陽，以便除去濕氣。

這時候最好將口袋翻過來，用刷子刷掉污垢和灰塵，再用敲棉被的棒子敲敲袖子、後身和前身，由上往下敲。左手拿摺好的毛巾，將它墊在衣服背後，這樣比較好敲。

刷掉污垢　利用獸毛刷子的毛梢刷污垢，就像要挑出髒東西似的刷。不易刷掉的污垢，可用毛刷敲打，或由下往上刷；並用各種刷法，通常可刷掉污垢。

化纖混紡、雌鹿皮或喀什米爾套裝上的污垢，不太容易刷掉，要利用尼龍製的布刷子處理。假如污垢未刷掉，會在衣服上留下斑痕，所以務必仔細刷。

油污用輕汽油處理，一般污垢用中性清潔劑擦

輕汽油處理局部污垢　套裝的領口、袖口和口袋周圍最容易髒，可用沾輕汽油的紗布拍一拍，或用噴霧器噴輕汽油，再用乾紗布擦。關於輕汽油（ligroin），後面有專節會介紹，在此不贅述。

領　子　如果只有一部分髒，髒容易變成一圈，所以噴輕汽油時，下面必須墊毛巾。領子髒了，就在整個領子上噴輕汽油，特別髒的地方，可用沾輕汽油的紗布仔細拍一拍。

袖　口　先將袖子摺成屏風褶，再用油拍一拍，然後打開，將摺疊好的毛巾放入袖子裡。

口袋周圍　先用毛巾夾起來擦，再將毛巾拿掉，周圍也要擦一擦。

長　褲　長褲容易沾上灰塵和泥污，用清潔劑擦，效果較佳。中性清潔劑先溶於水，接著用毛巾沾來擦，以長褲的前線和摺痕為重點擦。

用中性清潔劑整個擦　首先稀釋中性清潔劑，接著將毛巾弄濕再擰乾，一面檢查平放的套裝，一面仔細地擦。經過以上的處理後再用溫水揉過的毛巾將套裝上的清潔劑擦掉，最後用乾巾擦一遍，掛在室內陰乾，等全乾才能收起來。

①

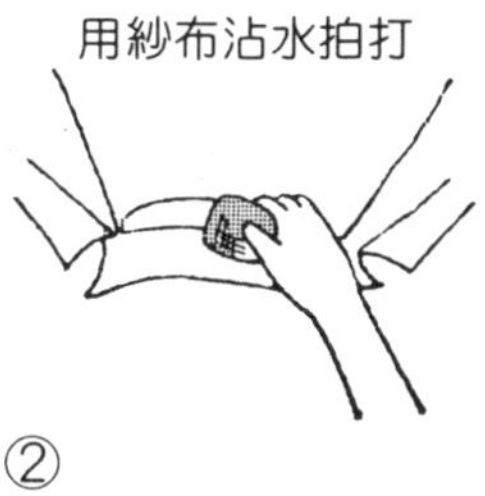

②

制服

常用清潔劑擦拭

一季都要常用清潔劑擦　上學和上班穿的制服，因身體的皮脂或泥污而變髒。除了假期送去乾洗以外，也要經常用清潔劑擦拭。擦拭方法和套裝的簡易處理大致相同，不過，制服通常比套裝髒，所以整個都要仔細擦拭。先將沾清潔劑的毛巾再擦一遍，也就是用清潔劑擦一次，用清水擦一次，必須由上往下依序擦拭。

特別髒的部分，應該用較濃的清潔劑擦拭；最好利用牙刷沾清潔劑刷，噴幾次水再用乾毛巾擦。

可用洗衣機洗的　裡布是聚脂或尼龍的合纖或混紡的制服，都可以水洗。放入洗衣機之前，應該多刷一刷髒的地方，以便刷掉污垢或泥污，而且領口和袖口要部分洗。此外，長褲的摺痕和裙子的褶山都要用線做記號，活動領也必須拿下來。

短時間內快速洗濯　用攝氏三十度的水泡清潔劑。合纖製品用弱鹼性清潔劑，而羊毛製品用中性清潔劑，兩者都用標準量，不妨轉動一下洗衣機，好讓清潔劑完全溶於水中。

制服放入洗衣槽之後，調到弱水流洗一、兩分鐘即可，然後放在洗衣盆中，用大量水沖洗。脫水時，領子不可摺疊宜弄成筒狀，脫水十秒。由脫水機取出後，先甩一甩，再拍平縐紋，掛起來陰乾。

宴會裝

讓專家處理較保險

正式場合所穿的服裝，不僅昂貴，質料也較特殊，以軟緞、蕾絲、絲絨和喬琪紗等製品居多，聚脂和絲、聚脂和羊毛混紡，也是常見的。

為不損及布料，宴會裝最好由專家去污。有珠子、亮片、皮革、手繪圖案、金銀絲等，以及綿、天鵝絨、絲、嫘縈等製品，更應該交由專家處理，因為處理不當，衣服可能就報銷了。

穿過後，務必用衣架掛起來，一旦有好天氣，就可以在室內掛上半天。洋裝或禮服只弄髒一部分時，可用刷子將污垢刷掉；假如整件都弄髒了，就送去洗。汗臭的處理更簡單，只要用濕毛巾拍一拍，再用乾毛巾吸收水分即可。

為預防宴會裝發霉，宜收藏在通風的地方。如用塑膠袋套起來，下面一定要剪開。也可以疊好放在箱子裡，別忘了放樟腦丸。

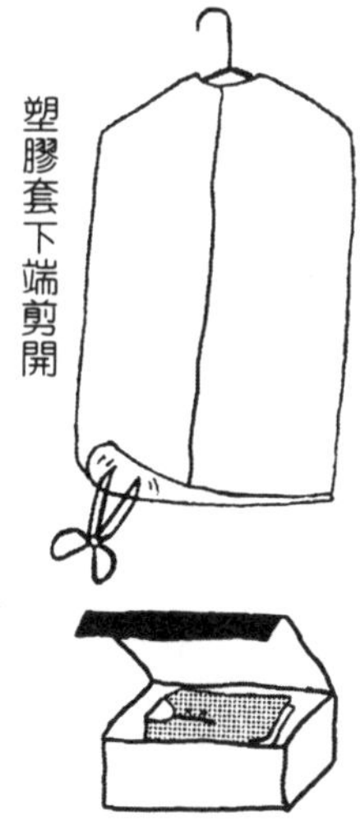

外套與夾克

不同質料與性質的清潔法

注意毛皮衣物的配件　有些羊毛外套的袖口和肘部，會以皮或毛皮滾邊。如果像平常衣物一般送洗，這些皮毛很容易乾燥或變硬。所以，在購買時就要特別注意，最好是能拆卸下來。

尤其是兔皮的質料最怕摩擦，若將有摩損的兔皮衣物選洗，一下子毛就掉光了。若這些滾邊和配件沒法卸下來，就必須找一家較可靠的洗衣店。

皮鈕一般都經過染色，洗時容易褪色，所以，在送洗之前，最好全部拿下來。

織紋疏鬆的外套易縮水　有些膨鬆質料的羊毛外套，洗後會縮水，因為這種質料的外套容易吸收大量水份和清潔劑，洗時的摩擦又使纖維相互纏繞，如果用烘乾機烘乾，在溫度突增下，水份很快被蒸乾，而造成衣物縮水。

羊毛外套自己不容易清洗，但化學纖維的衣服，夾克只需短時間的壓洗，所以可以在家裡洗，避免用烘乾機。

稍微脫水後，用衣架掛起來，整形，讓它自然乾。

經過色彩防水加工的外套要以汽油乾洗　有些紡織品或編織衣料，表面都經過色彩防水加工處理，而處理所用的合成樹脂，有些怕乾洗液。

所以，平常穿著時就應常用清潔液沾洗維護，儘量不要送洗，若非送洗不可，也要請洗衣店用較溫和的汽油乾洗液。

經過防水加工的衣料，有些經紫外線照射，或過份潮濕後，合成樹脂的黏性會減弱，而失去效果。一般而言，約三年，它的黏性便會減弱。

買衣服時，往往不知道衣服製造的日期，所以買回來才穿一次，送洗就壞了，尤其是拍賣時，廉價所購買的，不能不特別小心。

白色底的尼龍外套要陰乾　尼龍外套不吸水、快乾，且不變，可以自己洗。但白色質料經紫外腺照射後，容易變黃，故不能直接曝曬，應於通風處陰乾。

日光燈也會放射紫外線，所以，如果衣服在櫥窗中擺放過久，買回來時可能就已變黃，因此在購買時要注意。

衣服在燙或烤時焦掉了，如果送洗會使破洞愈來愈大，必須先修補好再送洗，修補時可到運動器材店買黏布貼上。

大衣

經維護，可保持整季乾淨

外出歸來即刻刷掉灰塵　大衣外套常在季節變換要收起來時才送洗。但這之前，會因平常穿著沾灰塵而髒掉。

所以，外出回來時候，用刷子由上而下，保持約二十公分長度用力刷。肩膀、領子、袖口、口袋等特別髒的地方，用牙刷沾稀釋後的清潔液擦乾淨。

每月二次充分乾燥　每天穿的外衣，一個月至少要二次，選擇天氣好的日子，拿出曝曬使充分乾燥。

曬時，選牢固的衣架，將衣物反面翻出，曬一個小時的陽光，再置於陰涼處，風乾三十分鐘，拿進來後，用敲線被的棍子用力把灰塵打出來。

打完灰塵後，拿刷子朝與毛相反的方向刷，然後再順向刷。

領子和袖口用揮發油擦　領子和袖口髒了，光用刷子刷是無法清理乾淨的。

這時，應用紗布浸揮發油，在上面輕拍以除垢。

要常燙。除掉污垢之後，要用蒸氣熨斗燙。燙時熨斗底輕觸布面，用蒸氣燙平後掛起來，直到完全乾後再收。

風衣

在浴室攤開用刷子洗

不論是綿織或化學纖維的風衣，皆可用清潔液洗。用洗衣板或直接攤開在浴室地上，一邊淋清潔液，一邊用刷子刷。

領口、下襬易髒的地方，可直接塗上清潔液，如此洗三次後，再用洗衣專用的化學糊，漿起，曬乾。

注意領子、口袋的蓋子是否褪色　有些婦女、孩童的衣服，領子或口袋用不同的布料縫製。

洗前，應先用布沾水或清潔液擦，看看是否褪色，若是褪色，用清洗液先髒的部份就好，曬的時候要小心不要讓褪色的衣料沾到濕布上。

曬乾後噴上防水液　風衣曬乾後，可噴上具有防垢效果的含氟防水液，領子、袖口沒有用水洗的部份，也一樣要噴。

噴過防水液後，再用一百二十度溫度的熨火燙，那麼，防水效果會更好，而且持久。

太空衣

要配合太空衣外層布料的種類用不同方式清洗

用水洗或乾洗，要視太空衣的外層布料而定，最好是先看衣服上的標示。平時比較容易弄髒的部份，可用中性的清潔劑，用布沾濕擦洗。

用溫水壓洗　自己在家洗太空衣時，可在溫水中加中性清潔劑或洗衣粉，用刷或壓的方式，去掉污水。

太空衣的表面，一般都經過加工，使裡面綿絮不會跑出來，若用力揉或刷洗，容易破壞原來的加工處理，易髒的領子、袖口，可用海綿沾清潔液拍洗。洗好後，快速脫水一分鐘，再清洗二次，再脫水，如此反覆直到乾淨為止。

攤平曬　由脫水機中拿出來後，輕輕甩一甩，使衣服縐褶平後，整理好平放在木板或竹簾上陰乾。若是綿花在衣服裡結塊，是很麻煩的，所以要特別注意，儘量使綿花分佈平均。

快速壓洗

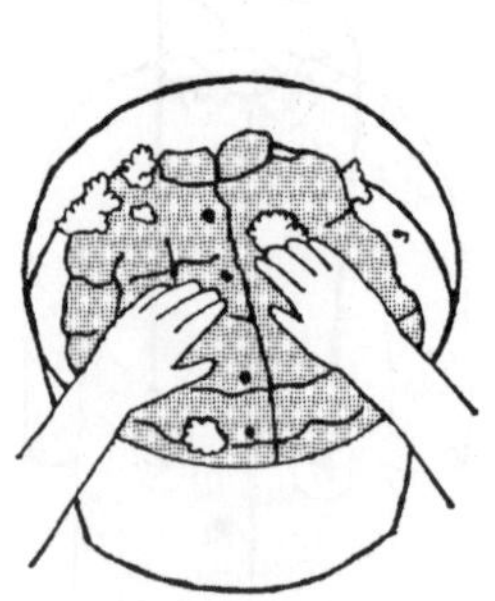

曬時，最重要的是使兩面都完全乾。若用烘乾機，溫度不可太高，約六十度至七十度即可，在曝曬或烘乾當中，可用手將綿絮弄鬆。若溫度太高，容易傷到釦子和拉鍊。

收藏時要保持膨鬆　洗好的太空衣，要收藏時不要用力壓擠，或密封在櫃子。最好輕輕地折疊，保持它的膨鬆，輕放在紙盒中。若要放防蟲劑，宜用綿紙等可透氣的紙張將藥品包起，再放入盒中，如此可避免藥品濟到衣服，形成斑點。

用防蟲劑時，一次只選用一種，不要兩種以上併用。

用清潔劑擦洗表層　一般羽毛夾克的表面，都有光滑溫潤的感覺，這是經過油質加工的緣故。像綿或氨基胛酸酯、丙稀酸纖維、聚酯等合成樹脂，都怕清潔劑或乾洗液，如果直接洗，就可能破壞這些合成加工。在清洗這類衣物時，應用布沾中性的稀釋清潔液擦洗。擦洗後，可噴上防水液，不但可防水，還可減少污垢沾上。

合成綿的夾克乾洗水皆可　洗衣前最重要的是看一看衣服的標示牌。如果太空衣中所裝的是含有聚酯或聚乙稀成份的合成綿，就可隨意選擇水洗或乾洗。

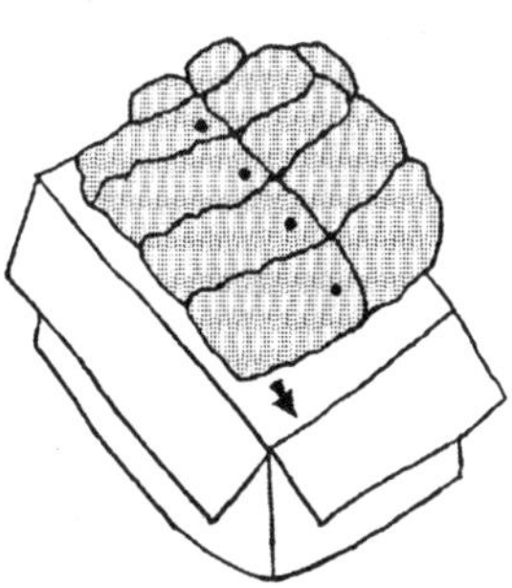

太空衣收藏時保持膨鬆。最好用紙盒

毛皮

細心的保養，可以維持很久

倒過來甩可以除去灰塵　毛皮的衣服穿過後，可倒過來甩一甩，將沾在上面的灰塵去掉。千萬不要直接曝曬太陽，否則容易失去光澤。

領子、袖口髒了，可以用紗布沾酒精或汽油，細心地擦。如果衣服倒毛，可先用紗布擦後，再用蒸氣毛巾，然後拿較粗的刷子，順著毛輕輕地刷，如此兩、三次後，一些小小的問題就解決了。

用鋸木屑或玉米粉除垢　將毛皮送洗，一般洗衣店會用含樹脂較少的木屑，加在清潔液中，揉入毛皮裡，讓木屑吸除污垢，達到清潔的效果，這種方法在家裡當然不太可能使用，所以，此類衣服最好送洗。

像毛皮的帽子、圍巾等，都可以在家用玉米粉來除去污垢。

將消毒用的揮發性清潔液沾玉米粉，先放在盤中，將帽子、圍巾等放入塑膠袋中，再將沾了玉米粉的清潔液加入塑膠袋，輕輕揉搓。等除掉污垢後，將毛皮拿出，抖掉上面的玉米粉，如果無法完全抖乾淨時，可用吸塵器，但注意吸塵器的管子是要乾淨的。

毛皮不要悶藏　收藏毛皮類的衣物時切忌用塑膠袋。最好是用舊被單等容易透氣的布包起來，放置在通風的地方。

小羊皮

精緻的羊皮細心保養

輕微的污垢，可用橡皮、饅頭、麵包除去　平常使用後，記得用粗硬的刷子，刷去表面的灰塵。如果沾有輕微的污垢，可用橡皮、饅頭或麵包等，輕輕擦拭。如果整個弄得很髒，最好送去乾洗。洗衣店在洗的時候，會把顏色和污垢一起洗掉，然後再染色，所以，很可能拿回來的顏色與原先不一樣。

不要摺疊　小羊皮的衣服不能燙，所以不要摺疊，應該掛起來收藏，不穿的時候，也要常拿出來透透氣，以防止長霉。

沒有襯裡的合成皮可用水洗　合成皮的衣服如果有襯裡，用水洗後，可能會走樣，最好是乾洗。無襯裡的衣服，可以將較髒的部份先洗過後，泡在肥皂水中壓洗，然後放入洗衣機洗一分鐘，稍微脫水後，拿出來陰乾，衣服的下襬積有水份，可用乾布拍乾。衣服全乾後，如果有縐褶，可以在上面鋪層布，用一百二十度的熨斗燙一下。

羊皮上的輕微污垢，用饅頭、橡皮擦等除去

皮或合成皮大衣

注意褪色或長霉

平常可用擦眼鏡液保養　皮面的大衣，在外出歸來後，可用擦眼鏡的溶液，擦洗沾染的斑紋，如果很髒，可用皮革專用的清潔液。

用時先以布沾清潔液，在領子內等不易看見的地方試擦，看會不會褪色，如果不會褪色，再將布浸泡清潔液，用手揉擦，開始時輕些，等稍乾後再用力。

若皮大衣看表面有小的割紋，必須馬上處理以免擴大，處理時可用綿花棒沾黏膠塗上，然後以手用力壓平。

用醋可防止褪色　皮衣很髒時，可用中性的肥皂水，沾著擦洗，如此一來很容易把污垢除去，但也很容易使顏色褪掉。這時，可以在中性的肥皂水中，滴少許的醋，便可防止褪色。

領子、袖口等易髒的部份，用牙刷沾洗衣用的肥皂水刷洗，然後用扭乾的毛巾擦掉肥皂水，不要使它殘留在衣服上。

自己保養時若污垢不能除去，或有色的情形，最好送到洗衣店洗。

用絲絨的小布墊來去除長霉　皮衣不小心長霉時，需拿到通風的地方陰乾，長霉的地方用絲絨的小布墊輕輕擦去。小布墊是用長十公分，寬五公分的布對折，縫起來，裡面塞入舊絲襪。

如果這樣還擦不掉，必須用皮革專用的清潔液，或阿摩尼亞水了。

再洗不掉，則將清洗房子的清潔劑用十倍的水稀釋後，用布擦，但如此一來則容易使顏色褪掉，所以，最好還是請專家處理。

合成皮的大衣可用清洗玻璃的清潔液擦洗　輕微的污垢，只需用布沾清水洗即可。

嚴重的污垢，或沾有油污的，就需用軟布噴上清洗玻璃的清潔劑。

如果仍然不行，只好將清潔劑直接噴到污垢的地方，用力擦淨，然後用毛巾沾清水洗去殘垢和清潔劑，掛起來陰乾，完全乾燥後，再噴上防水液。

收藏於乾燥的地方　合成皮的大衣，若放置在潮濕的地方，衣服的表面會因潮濕而軟化，使得腋下部份黏在一起，這時如果用力拉，會將衣服弄壞，所以，收藏時一定要選擇通風、乾燥的地方，或是掛在放置有防潮設備的櫥櫃裡。

絲絨小布墊的做法

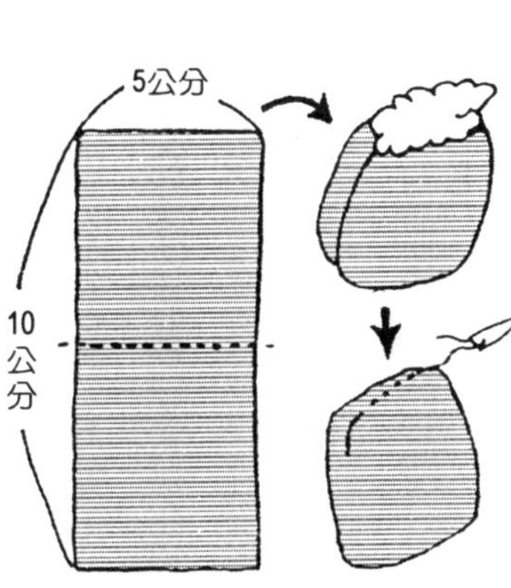

床單、被套

洗大的東西必須手腦並用

用洗衣機洗時數量不要太多　大的東西像床單、被套、毛毯、桌巾等，都可以用洗衣機來洗。

但如果是手工精細，或有裝飾性的花紋或物品，和纖維較細弱，容易變形的，都不宜用洗衣機。

使用洗衣機時，最好不要超過洗衣機容量的百分之七十至八十，如果所洗的衣物都很大件，量可以再少些，這是不傷布，又能達到良好清潔效果所應注意的。

一張床單一般約有六百公克重，若是一台二公斤容量的洗衣機，大概一次可洗兩件。所以，在洗之前最好先秤一下衣物的重量。

大小衣物摻著洗　洗大件的床單時，拿小毛巾、內衣等小件衣物摻在一起洗，比較容易洗乾淨。

大件床單不要折疊，打開鬆鬆地放入洗衣機洗會更更乾淨，如果洗時有纏繞或偏向一邊的現象，則先按停開關，用手分後再洗。

用熱水可以洗得更徹底　洗衣時最怕洗大的衣物，但總是要洗的。這時可在熱水中加清潔，更能徹底地洗淨衣物。

但有鮮艷色彩的桌巾、有花邊、蝴蝶

結的床罩等，在第一次洗的時候，就要先確定是否會褪色。

床　單　先將灰塵用棍子拍掉，再和一些小衣物一起放入洗衣機中洗，除了有顏色的布料外，加些漂白劑可防止發黃、發臭。

若洗得變黃或染有斑點，可先在漂白中泡一晚，若仍洗不掉，則用熱水稀釋十倍的漂白水泡。

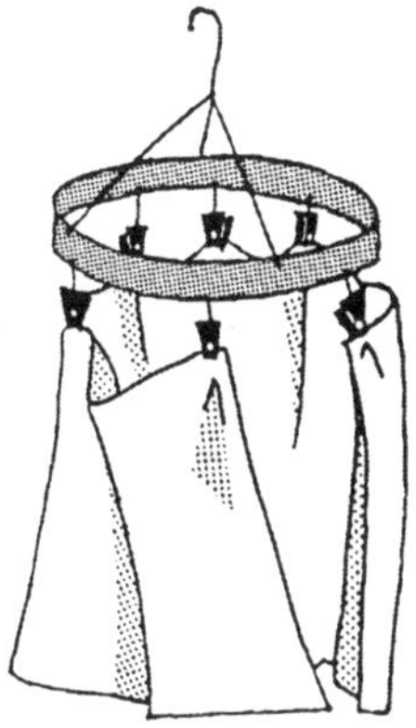

折成幾折後，用曬襪子的夾子夾起來。

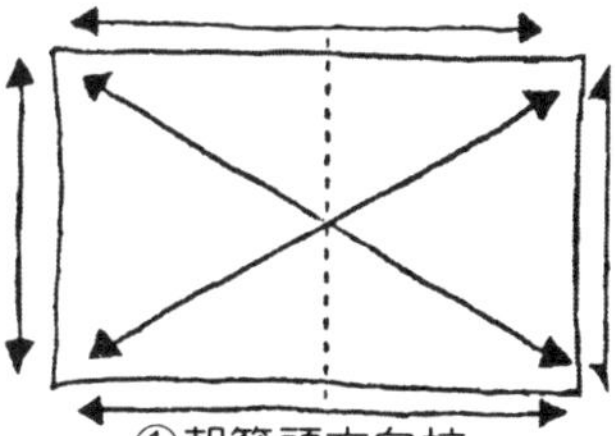

①朝箭頭方向拉

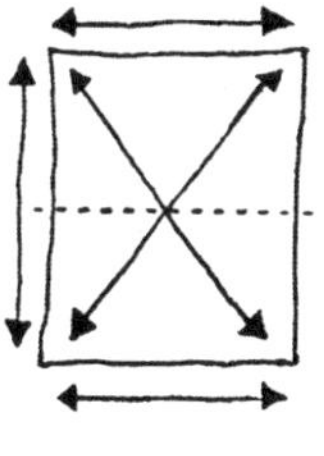

②對折後再對折。

要放入脫水時，宜由邊邊拉起折疊，再放入脫水槽。綿、麻等布料，要洗出像飯店的一般潔白、整齊，可在脫水之後，用洗衣漿漿起來，稍稍脫水後對折，或四折晾在竹竿上，等完全乾後，二人對拉，再對折，再拉，如此不斷重複折拉後，鋪在被子下壓平。

有一些使用特殊織法的床單，不需要

燙。但一般的，可以用熨斗再加以燙平。

燙的時候將床單整個拉過來，靠近自己，由最外端燙起，燙完一部分，便可向外拉，折疊好，再繼續下燙。

另外一種燙法，是將床單折成四成八折，從折好的中央燙起，然後打開，再燙原先折疊的部份。

被　套　處理的方法，與前述床單的處理要領相同。但被套內側的角落，很容易積存髒東西，洗的時候要先翻過，除掉髒物。

有拉鍊的話，要先拉上。如果被套表面有紗，很可能會洗壞掉，所以有紗的一面要翻到裡頭，最好是放在洗衣網裡頭。燙的時候，不要燙到紗，漿時最好用噴式的洗衣漿。

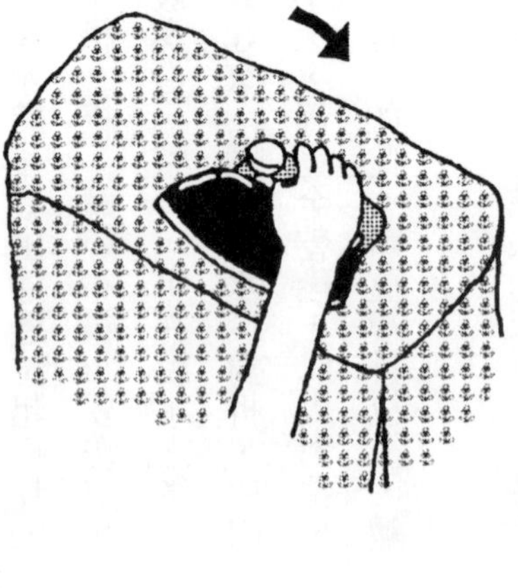

燙床單時，邊燙邊向外折疊。

如果不想常洗被套或毯罩，在蓋的時候可用別針或線將大毛巾固定在被頭兩端，洗時只要拿下大毛巾洗就可以。

一般的飯店在被子裡外都有套子，洗時只要洗被套就可以了。

桌巾

洗乾淨的桌巾可使房間更明朗

白色的桌巾用含氯的漂白劑　白色的桌巾，如果像床單一樣的洗法，容易產生斑點。一般而言，一週至少要洗一次。洗時先用牙刷沾清潔劑，在污點上拍洗，如果用這方法不能洗淨，就加氯系清潔劑。

有色的桌巾怕褪色，所以，要快洗陰乾，漂白時要用含氧的清潔劑。

洗桌巾時動作要快　桌巾的質料有絲、絹、羊毛、化學纖維等等。因為大部份是手工藝品，所以，洗時要特別注意，防止褪色。

可以將桌巾鋪在洗衣板或平台上，用牙刷沾中性的肥皂水清洗，洗完後快速脫水。可以燙的質料，不必曬，直接用熨斗燙平。

有蕾絲或刺繡的應漿　比較名貴的桌巾最好送到洗衣店洗，等用舊了，就可在家自己洗。大的桌巾可以摺疊起來，小的先放毛巾裡再摺疊。

白色的用普通清潔液加漂白劑，有顏色需用中性清潔液。

漿的時候，最好用澱粉類的漿糊，加點糖，會顯得更有光澤。

被子、枕頭

清洗後必須充分乾燥

綿花被的裡層至少二至三年洗一次。被子用吸濕性好，又可以重打的綿花被最好。從前每年的夏季，都要把全家的被子拿出來洗曬。一般的被子外面往往加上被套，洗時只要把被套拆下來洗即可，裡層雖不用常洗，但最起碼每二至三年，也要拿出來洗一次。

被子要漿得很挺，必須用澱粉性的漿糊。

裡面的綿花曬好後，先把被套裝好，有大的烘乾機則可用烘乾機烘。如果被套有破損，需換上新的，被子蓋久變硬可以送到綿被店，請他們重新翻打，可像新的一般鬆，差不多幾年打一次。

最少一星期拿出來曬一次太陽　最少一星期要把被子、枕頭拿出來曬一次，這是綿被最基本的保養。曬時為了防止被面曬壞或變色，必須拿套子或床單蓋在上頭。曬的時間最好是上午十點到下午三點之間，只要曬二至三個小時就夠了。若曝曬過久，布料容易損傷，要特別注意。曬好，準備收起來時，必須拿棍子敲打，把積存的灰塵去掉。

記住，輕輕敲打即可，太用力會傷到布料的纖維。

聚酯所製的被子，怕曬在屋頂的石綿瓦或水泥地上，因為在太熱的情況下，這種質料的被子很容易縮水。

烘乾機並非萬能的　當雨季來臨或沒

有足夠的時間、空間曬衣服時，有了烘乾機的確非常方便，但是，沒法期待它能像太陽光照射時，以紫外線的殺菌效果。所以，最好每個月能有一、二次把被子拿到陽光下曬。當然。能一個星期曬一次是最好。使用烘乾機時，要注意不能讓濕氣的出口留在室內，以免影響室內空氣，最好能保持空氣流通。

化學綿的被子一年要整個洗一次　聚酯、聚乙稀等化學纖維所制的被子，質很輕而且暖和，但比綿花被的吸濕性差，所以，如果不常曬，就會感到潮濕不舒服。而且化學綿的被子易產生靜電，很容易吸著其它小東西，如果一段時間不清洗，裡頭就會有許多髒東西。所以最少一年要整個洗一次。洗之前先看看被子上的標示，依照標示所提示的注意事項清洗。

可在木板上或浴盆中踏洗　綿花量多，但固定物少的被子，用水洗或烘乾機時，裡面的綿很容易斷裂或結成塊狀，最好是自然晾乾。

如果綿花的固定加工做得很好，就可以用水洗。洗時先將被子四折，放在木片釘成的板上或浴盆中，用腳踏洗。首先將三分之一杯的洗衣用肥皂粉倒入十公升的水中稀釋，將肥皂水倒於被子上，用腳踩

聚乙稀纖維的被子，
放在石綿瓦或水泥上
直接曝曬會縮小。

出污水，再用清水沖洗。不要揉洗，那會使裡面的綿花結成一團，所以要注意。尤其是百分之百聚酯纖維綿的被子，洗的時候，可能再把髒水吸回去，所以，要讓髒水積存在槽內，能在沖洗之後馬上流掉，才是正確的洗濯法。

洗淨後，加上柔軟劑，掛在浴池邊緣滴乾水份，若有大型的全自動洗衣機，可以稍微脫水，那麼，曬起來就輕鬆多了。

滴乾水份後，拿到外面，先架起平行的根竹竿，將被子掛在上面，這樣比容易乾。

羊毛及羽毛被原則上不洗　羊毛或羽毛被洗過之後，會破壞它輕軟、暖和的特性，所以使用時必須在外層加被套，儘量不要洗。可是即使是很小的洞，也會造成羽毛被羽毛外洩，所以用被套時，千萬不要以別針或縫製的方式固定。

如果被子弄得很髒，非洗不可，需用汽油類的溶劑乾洗。但裡面的羽毛完全沒有固定設施的被子，洗的時候裡面的羽毛會動而變形，所以連乾洗都得避免。

經常地曬　被子最佳的平時保養法，就是常拿到太陽下曬，曬時連被套一起。羊毛被須曬三十至四十分鐘，羽毛被要久些，約二個小時才會完全乾燥。

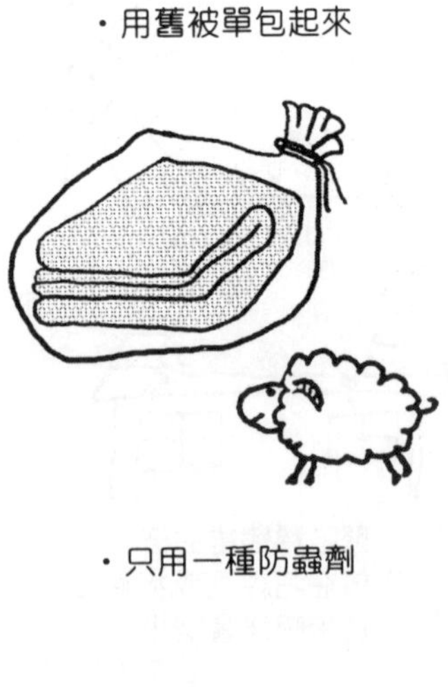

特別是羽毛被，它在吸收水份後會發出特殊的味道，故需充分乾燥，但若曝曬過度，反而會破壞羊毛和羽毛的蛋白質，這又不能不特別小心。

羊毛和羽毛被，如果準備收起來不用時，必須先充分乾燥，加上防蟲劑，收藏在通風的地方。防蟲劑只用一種就好，以免兩種以上產生化學變化，使被子產生班紋。

此外，還要記得不要用塑膠袋密封，因為不通風，會產生難聞的怪味，應用床單或可透氣的布包起來收藏。

蕎麥、穀殼的枕頭需以日光充分消毒

一般枕頭都會在最外層加枕頭套，使污垢不致於滲入裡層，洗時也要把枕頭套拆下來洗即可。外套一個星期要洗一次，內層也要半年洗一次。

枕頭最少一週要有一次曝曬。尤其是穀殼的枕頭，因為小蟲子喜歡吃裡面殘餘的澱粉。在夏天，如果二、三天不拿出去曬，由於室內的高溫和潮濕，小蟲很容易繁衍增殖，必須利用紫外線來殺菌。

使枕頭易髒的枕套用法

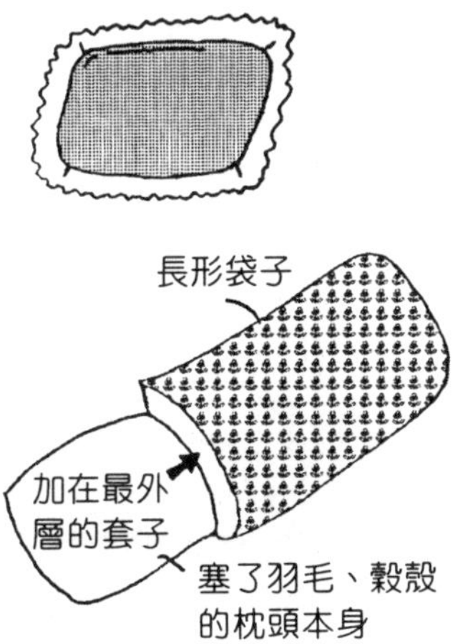

毯子、毛巾被

洗的要訣是大膽但慎重

聚酯纖維的毯子要輕輕踏洗　鬆軟是聚酯纖維毯的特徵，如果踏得太用力，就不會再鬆軟了。新的毯子最好送到洗衣機，用得舊些後，在家中自己洗。

踏洗時必須選排水良好的地方，譬如在浴室地板，鋪上竹簾或木板，或浴池裡頭。準備中性肥皂水兩桶，淋在毯子上，赤腳在上面踏，如果冬天太冷，不妨穿上膠鞋，記住不要太用力，而且動作要快，直到沒有髒水流出來為止，再用清水沖洗乾淨。

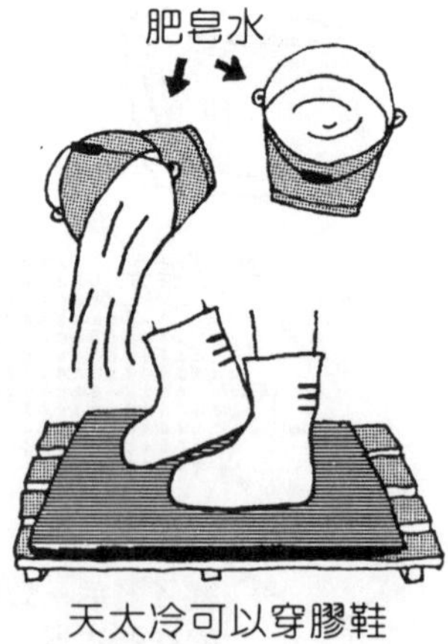

天太冷可以穿膠鞋

最後加上柔軟劑，把木板斜放或將毯子掛在浴池邊緣，使水滴乾。

若有大型的自動洗衣機，可以稍微脫水再曬，曬時同樣掛兩根竹竿間，必須記得翻曬。等完全乾後，用手輕輕揉搓，使它膨鬆，有毛的毯子還需拿刷子刷。

羊毛毯子不適合於手洗，一定要送去

乾洗。若是已經用得很舊，連織紋都可以看見，那麼在家踏洗，才不會覺得可惜。

兒童蓋的毯子，常有鮮麗的圖案，送去洗很容易褪色。

務必請洗衣機用石油系的溶劑（氟系溶劑、石油系溶劑等）來洗。

毛巾被可用洗衣機洗　一般毛巾被的質料都不怕洗衣機洗，但是，毛巾被浸了水後很重，拿的時候要小心。

毛巾被最容易沾灰塵，洗前必須先抖掉灰塵，不要折疊，鬆鬆地放入洗衣機，最好加些小件衣物。但毛巾被洗時容易產生纖維球，所以，放入的小衣物要特別注意以防毛，最後加柔軟劑，可使洗後更加鬆軟舒適。

若使用的是雙槽式洗衣機，可將毛巾被折疊，然後捲成筒狀放入脫水槽，更容易脫水。

曬時要先將毛巾甩開、整形，不要有縐褶產生，然後平攤在二根竹竿上，記得翻曬。

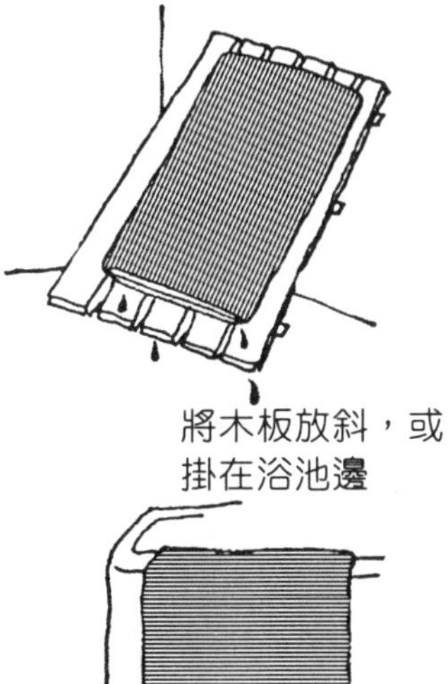

窗簾

洗完後掛好曬可防縐防縮水

絲質、毛織、兩層的高級綿織或較厚的人造絲窗廉，如果自己在家洗，容易弄壞或縮水，最好是送到洗衣店洗。有些用做隔間用的窗廉，非常厚重，也不適合手洗。使窗簾布因氧化而變脆，直接送洗容易褪色而變舊，所以，有特別叮囑洗衣店的必要。

與洗衣店商討處理方式之前，必須慎重地看清窗廉布上標示的注意事項。

洗窗廉要壓、甩、撫平

聚乙稀及聚酯纖維的窗廉可以自己在家洗。把窗廉拿下來後，先打掉上面的灰塵。

如果用手洗，上面的掛鉤可以不拆下來，將掛鉤朝內，依照盆子的大小折疊起來，兩邊用洗衣夾或別針夾起，如此，掛鉤不致於鉤到其它東西。

如果窗廉很大，也一樣必須配合洗盆大小，做屏風式折疊。

首先，用效果強的清潔劑先洗一、二遍，把沾染在上面的香煙味、油煙、灰塵等洗去，而用洗衣粉洗一遍。

將窗廉整個泡在洗衣肥皂水中時，窗簾中的污垢會流到水中，這時用左手壓住廉布，右手快速來回地壓、搖，並且用力撫平。由內側開始，然後翻轉地清洗。

最後用清水沖兩次，再稍微脫水。先把原來的門窗擦乾淨，然後，將窗簾掛上去晾乾。如果需要漿，最好是選用噴霧式漿糊。

剛洗完的時候，往往看來很縐，等稍乾後就會恢復原狀，所以不必太擔心。但如果縮水縮得很厲害，可以拿鐵條伸入窗簾下襬用力拉。如果這麼處理後，仍然無法恢復，就必須拆掉縫線放長了。

蕾絲窗簾整個放在洗衣機洗　蕾絲花紋的聚酯纖維窗簾，可以幾件一起放在洗衣機洗。要放入洗衣機前，必須先將掛鉤拿掉，洗的時間約二分鐘，衣服的量不要超過洗衣機容量的百分之六十。

人造絲或混紡的質料容易縮水，最好先看清標示再洗。

有防燃加工處理的窗簾，不必用肥皂洗　有防燃加工過的窗簾，可以水洗也可以乾洗，但是，不要用肥皂。因為肥皂易與水中的金屬離子起變化而附在窗簾表面，反而減低了防燃效果。若用水洗宜選用專用的化學清潔劑。

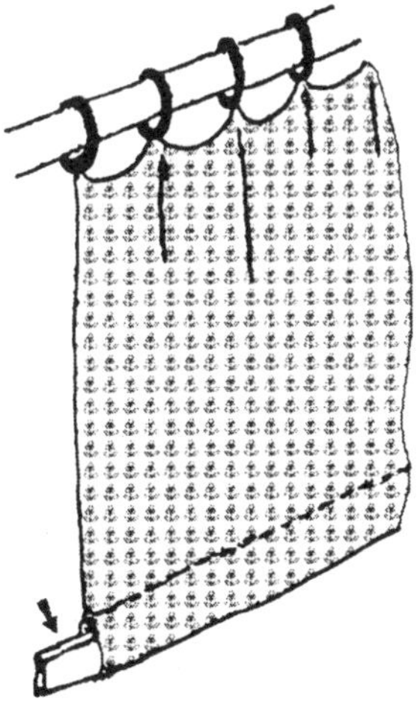
可穿入鐵條等較重的東西

鞋墊與拖鞋

很髒的話乾脆用水洗

仿羊皮鞋墊　這類的墊子看起來大部都是自然色，其實大都是經過染色，如果染得不好容易褪色。洗前要確定是否能放入脫水機內，如果不能，要避免用水洗，最好常用洗潔劑擦洗。

洗時，先在溫水中加肥皂粉，多放些沒關係。然後，以兩手分開長毛泡入水中快洗，加上柔軟劑，脫水一分鐘，再用刷子刷齊晾乾。

太髒的墊子用刷子刷　先把易洗的污垢洗掉，比較明顯、不易除去的污垢則用刷子沾洗潔劑刷。

也可以利用洗衣機來洗，在洗衣槽中倒入多量的洗衣用肥皂粉，毛裡頭的髒東西，要先挑出來再洗。

比較大，像地毯之類，無法放入洗衣機洗，可以攤開在浴室的地板上洗，一邊淋水，一邊用刷子沾洗潔劑刷。

不管用什麼方式洗，最後都要加上柔軟劑，會褪色的部分，要以舊床單或乾布吸掉水分再曬，背面有橡皮的部分，不要直接照射太陽，以免軟掉。

合成纖維的墊子可用洗衣機洗　一般合成纖維的墊子，大都可以放入洗衣機洗，但也要注意墊子上的標示，洗潔劑用洗衣肥皂水即可。

脫水只需三十秒，在還沒產生縐紋之前就要拿出來，不能放入洗衣機洗的，是那些大的地毯，這些只好鋪在浴室的地板洗，洗的方式與前項相同。

能洗的拖鞋要常洗　髒的拖鞋會把地板也弄髒，所以必須經常洗，以保持室內整潔。特別是廚房穿的拖鞋更該常洗。合成塑膠製的拖鞋，洗起來非常方便，只要泡在水裡洗就可以了。

怕水的鞋用刷子沾清潔劑洗　有些拖鞋不能整個放在水中洗，這時可拿刷洗指甲的小刷子，沾稀釋的清潔劑，像畫圈圈般地刷，然後用毛巾快速擦乾，重複幾次後，再用毛巾沾清水擦洗三遍。

若是厚呢布做的拖鞋，必須用乾毛巾把整個水分擦乾、整型、晾乾。

皮製的拖鞋，則以皮革專用的洗劑，洗過後，再用乾布擦乾。

1. 用刷洗指甲的刷子，沾清洗屋子用的洗潔劑擦洗毛巾沾水。

2. 毛巾沾水、扭乾後擦。

衛浴用品

清潔第一，要加漂白劑洗

馬桶蓋和罩子等要用加漂白劑的清潔劑

廁所裡的墊子或馬桶罩，放入洗衣機洗時，可在肥皂水中加漂白劑，尤其是用洗尿布專用的漂白劑，殺菌效果更好。

洗過後，可放在太陽下曬，但要注意避免讓背面橡膠部分直射太陽。

廁所的墊子或馬桶罩，至少一星期要洗一次，但常洗容易使表面長毛球。長毛球時，可以使用膠帶，輕輕在墊子或罩子上面黏起毛球。

廁所擦手用的毛巾，洗時也要加漂白劑，可能的話最好的是每天換。

浴室用的刷子必須泡在漂白劑中清洗

清洗浴室、廁所的刷子，放在漂白劑中泡一晚，可以殺菌、除垢。抹布等也要水洗後，藉日光消毒。

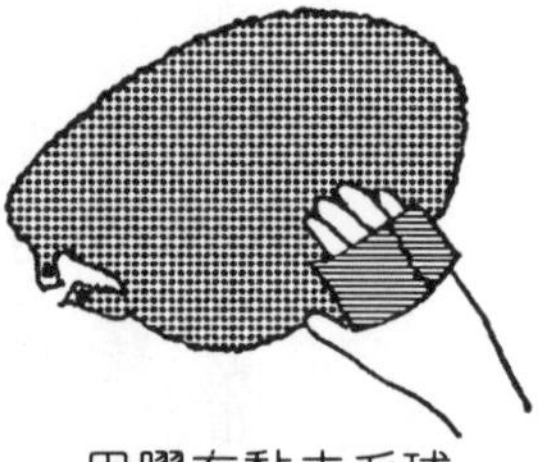

用膠布黏去毛球

刷子在漂白劑中泡一晚

布偶和玩具

洗時要輕柔、仔細

布偶不能放在洗衣機洗　除了洗澡時可放在浴池中玩的玩具以外，一般的布偶都不可以用水洗，因為裡面的綿花吸了水以後，容易長霉、褪色。

用布沾中性洗潔劑，在表面拍吸，並立刻用扭乾的毛巾吸取污水，最後用清水擦洗、陰乾。

在擦洗前，必須先將布偶身上的裝飾拿下，有衣服也要拿下來洗，等布偶乾了，再用刷子將毛刷齊。

平常要常擦拭、拍除布偶身上的灰塵。

娃娃的衣服　市面上一般玩具娃娃的衣服，都選擇無害的顏料，以免被兒童吸吮、誤食，所以儘量不要清洗，以免被清潔劑破壞。

如果一定要洗，可用毛巾沾水，或在溫水中加中性肥皂水壓洗。

手染衣物必須用手洗　有些衣物是用手繪或是蠟染的，這類衣物很容易褪色，最好用手洗。

皮包

依皮包質料不同加以保養可長久保持美觀

皮包要常用乾布擦　平時可以用擦眼鏡的藥水或乾布來保養皮包。先將容易沾灰塵的接縫處，用軟布細擦，比較髒的地方用軟布沾皮革專用液輕擦。

皮包口的金屬部分，也要用乾布擦拭，將生鏽及污痕去除。尤其是手拿的部分，容易沾上汗漬，更應特別仔細。如果被雨淋濕時，可拿乾布或報紙，吸去水分後，整形、陰乾，並塗上皮革專用的保護油。

皮包的內層很容易沾上化妝品而髒掉，如果內層也是皮或合成皮的質料，可以拿專用的清潔膏除去。

若是化學加工的質料，可以將一般的清潔劑稀釋後，用布沾著擦拭，然後再拿清水拭淨。

如果不用軟布，也可拿牙刷刷去裡面的塵垢，內部清潔好後，將皮包口打開，吹風陰乾。

淺色的皮包有了污垢可用土司擦去

象牙色或淺膚色等淡色的皮包，一有輕微的污垢，可以將土司沾濕後擠乾水分輕輕擦拭。

小羊毛皮包用刷的方式去污　小羊毛

皮包一般用牙刷或尼龍刷刷去污垢。鋼刷太硬，易損傷表皮，故宜避免。也可以用橡皮或土司去污。

化學皮的皮包用水洗　一般最普遍使用的皮包是合成皮的皮包，這種皮包用擦眼鏡的藥水，或一般洗衣用的清潔劑都可以去污。如果太髒，不妨拿毛巾沾稀釋的洗屋用清潔劑擦洗，再用清水擦洗、弄乾。

帆布皮包不要一開始就洗　厚的綿或麻布做的袋子，結實又方便，但是，很容易髒，尤其是採用綿、麻的自然色時髒了會很明顯。

由於這類質料的背袋，多半經過防水加工，所以洗之後便破壞了加工層，更因為這種布質地較厚，即使再噴上防水液，也不容易完全滲透而達到良好效果，所以，要特別注意平時保養。稍微髒，立刻用橡皮或布沾肥皂水輕輕擦去，除非真的很髒，否則儘量不要洗。

綿布一旦洗過後會變軟，以後就可常洗，洗時用刷子沾肥皂水在上面刷。

用軟布等細擦

淺色皮包微髒時
就用吐司擦掉

不要使用含有螢光劑的清潔劑，因為螢光劑會使綿布變白，失去原來的自然色。

如果背袋釦的質料是皮的，要注意可能褪色，所以，洗的時候避免弄到皮釦。洗淨後晾乾，收藏於通風的地方。

百分之百的純麻布皮包，洗過之後會失去油脂，喪失麻布皮包特有的硬挺感，所以不要洗。

夏天的皮包用牙刷清潔　夏季皮包用草、藤、麻等編織的，可以拿牙刷來清除織紋中的灰塵和污垢。再用乾布擦淨，特別髒的地方，則必須用水處理。

這類質料的皮包容易起毛，發現有起毛球的情形，立刻拿剪刀剪平，或用黏膠壓平，以免繼續惡化。

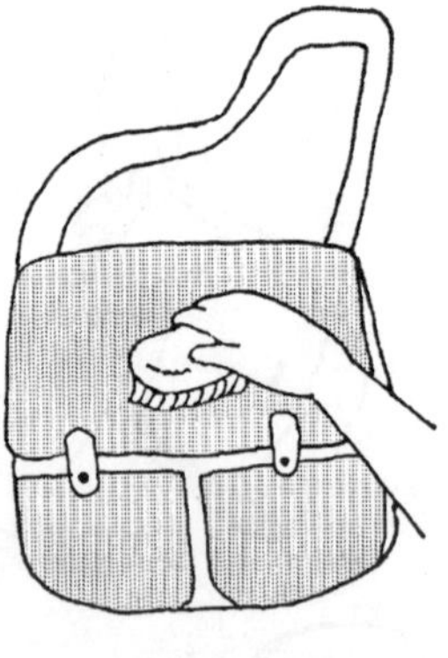

帆布袋以洗衣刷子刷洗

肥皂

要收藏時，一定得完全乾燥，並用紙包起來放入箱中，才不會發霉。

珠子皮包用水擦洗　珠子皮包使用過後，隨即輕輕甩一下，去掉沾附在表面的灰塵，再拿乾布擦掉汗漬。若是很髒，不妨用紗布沾水清洗。

若是用乾布，要小心灰塵或布屑塞在

珠子之間，最好是用舊汗衫等不易起毛屑的布料。

無論是玻璃或合成纖維的珠子都怕汽油，最好不要用，當然不沾上油脂性的污垢是最好的了。

織錦皮包要小心化學變化　手拿式的皮包在手拿處很容易弄髒，用時最好以手帕包著，使用後取綿花棒或布將整個織紋中的灰塵去掉。汽油會使錦線變化，所以不要用。

等皮包內外都清理過後，在皮包內塞紙，可保持皮包不變形，用布或紙包起來收藏。

使用防蟲劑時需先用綿紙包起，以防直接與皮包接觸而產生斑點。

錢包的清潔保養

皮的錢包用紗布沾清潔液擦，若會褪色的話，則在中性的肥皂水中加幾滴醋，用毛巾沾後扭乾來擦。合成皮的錢包用中性肥皂水洗擦後，再用清水。

布做的錢包必須用布沾揮發油在上面輕拍，一般而言邊緣部分最容易髒，清洗時要特別注意。天天使用的話，容易使皮包變型，所以，比較貴重的布質錢包，不要持續地使用。

皮手套、腰帶

要特別注意褪色或變形

皮手套用中性肥皂水　如果皮手套還不算太髒，清洗時先帶在手上，用刷子沾中性肥皂水在上面拍洗，然後以乾毛巾吸取污水，重複洗幾次。

若怕褪色，可在肥皂水中加幾滴醋，洗過清水後，加柔軟劑整個擦一遍。皮革遇濕後，容易變鬆變大，處理時宜小心。

洗後的手套，用乾布吸掉水分，用衣架掛起來晾乾，等差不多乾了，在手上塗些保養油，戴上手套，在裡面輕輕揉搓，使油分滲透。

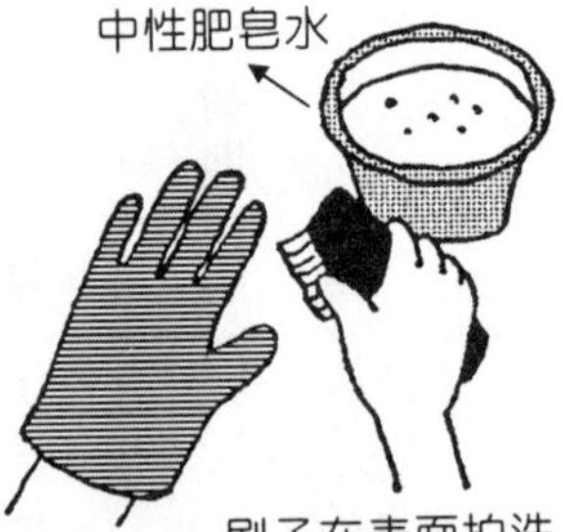

刷子在表面拍洗

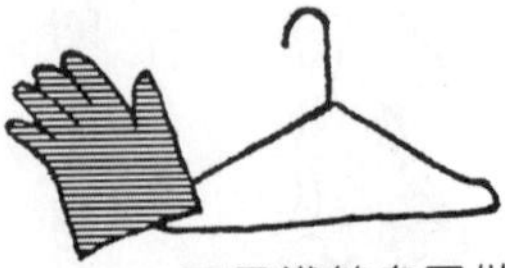
可用鐵絲自己做掛鉤晾乾。

太髒的皮手套需整個洗　小羊皮的高爾夫手套等，容易弄得很髒，這時用洗衣的肥皂粉，或洗房子的清潔劑加在溫水中拍洗。如果會褪色，同樣在肥皂水中加醋，洗掉污垢後，再用清水沖洗兩次。

最後一次清洗時，記得在水中加醋、

潤滑液，或是柔軟劑，然後拿毛巾吸乾水分，掛起來陰乾。

半乾的時候便拿下來用手揉一揉，再繼續晾乾。這樣便可徹底清潔。在手套髒得想丟掉它之前，不妨洗一洗，說不定還可再用。

腰帶一個月至少要用清潔液洗一次

皮帶在平常使用過後，可拿擦眼鏡的藥水擦一擦，以除去小的污垢。而一個月內至少要用皮革專用清潔劑處理一遍，再塗上蠟，便可保持很久。

亮皮的皮帶，平常用冷霜擦拭，可防止產生裂紋。小羊皮的皮帶，一有了輕微的污垢，立刻用橡皮擦除去，如果污垢比較明顯，不妨用細砂紙輕輕磨掉。

金屬腰帶用動物毛的刷子　金屬的腰帶在接縫的地方最容易留存污垢，這時最好選毛長又柔軟的動物毛刷子輕輕刷除。尼龍製的刷子，會把污垢越刷越往裡去，所以儘量避免使用。

金屬腰帶如果失去光澤，先用濕布沾牙粉或蘇打粉擦拭，擦時要注意不可太用力，以免將上層鍍金給擦掉，再將殘存的粉屑抖掉。

麻或綿的腰帶，用清潔劑洗　輕微的污垢，只要用毛巾沾肥皂水，稍微扭乾後在髒處輕擦。

如果很髒，則整個淋肥皂水輕刷後用毛巾吸去污水，反覆幾遍後，再拿清水整個洗過後吹乾。

鞋子、涼鞋、馬靴

穿過後立刻用刷子除去灰塵

鞋子是否能持久如新，要靠平時的保養。在穿前有必要先塗上一層鞋油，有了這層保護膜，可防沙、防垢，保養起來就容易多了。如果沒有適合鞋子的顏色，可選淡色或無色透明的鞋油。

鞋子最容易沾染灰塵，如果能養成穿過後馬上刷去灰塵，穿了兩次便用清潔膏保養，是最好不過的。

清潔膏有像牙膏般用擠的、乳液狀的、噴霧式的或橡皮擦狀等不同種類。而鞋油多半是乳化性塊狀或像牙膏般用擠的，它的作用是增加皮革的光澤與柔軟性，此外顏色也非常豐富。

油性鞋油的防水性和光澤比較好，而乳化性的鞋油可供給皮革養傷，所以兩者交互使用最好。

小羊皮、亮皮或馬靴等的皮革都經特殊加工處理過，需要使用專門的保養膏。因質料的不同，也有很多種。

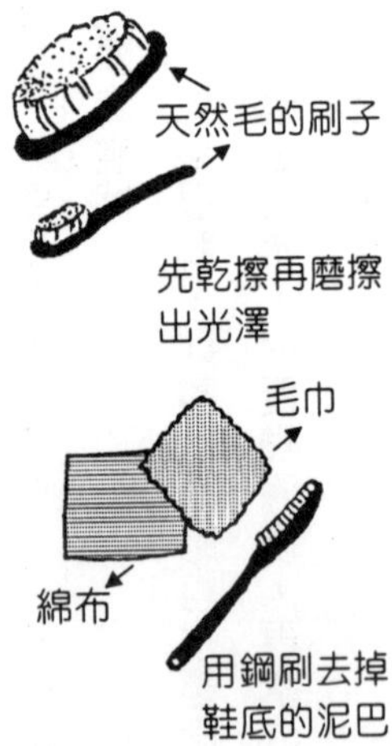
天然毛的刷子
先乾擦再磨擦出光澤
毛巾
綿布
用鋼刷去掉鞋底的泥巴

按不同顏色分開使用！

因皮質不同採用不同清潔膏和保養油

鞋皮的種類太多，由表面來辨別並不容易，若是用錯了清潔膏和保養油，即使是很好的鞋子，也會壞掉。買的時候，應向店方問清楚。

銀面皮　一般是拿皮革的最外層為材料，它的特徵是表面細緻有光澤。

首先拿刷子除去表面的灰塵，再以中性肥皂水洗去上面的污垢，然後整個塗上乳化性的保養膏，用軟布擦拭。

男性皮鞋因常穿，所以，適合塗一層防水性高的油性鞋油。

無色皮（Anilin）、**光皮**　這是加工處理後仍保留皮革自然風味，穿起來輕軟舒適，但容易吸水和油，所以會有斑紋和褪色的缺點。

有這類皮革專用的保養膏，使用前先沾一點在不明顯的地方試擦，沒有褪色等不良現象再使用。如果只有輕微的污漬，可拿橡皮擦除去。

有毛的皮　這類的質料有小羊皮、絨毛皮、絲絹等多種，一般都採皮革的背面加工起毛，容易吸收灰塵又怕水，穿前宜噴上防水性較好的皮革防水液。

這類鞋子不能用水洗，有了污垢只能用橡皮、天然橡膠擦。不易去除的污漬，只好用鋼刷去除。

亮　皮　亮皮是表層以氨基甲酸酯加工過的，光亮而且不怕水，但怕熱。溫差的變化太大，容易使它產生裂紋，所以，必須定期用保養膏保持它的柔軟度。

白色鞋子有專用的鞋膏以保持潔白

涼鞋、運動鞋、高爾夫鞋　白色的鞋子髒了非常明顯，在太陽下過度曝曬便會變黃，所以，必須常用清潔膏和白鞋油保養。

綿、麻布鞋　綿、麻質料的鞋子易髒，又不能像運動鞋一樣地清洗，故穿前最好先噴防水液，髒處可用橡皮擦除去，再用專門的保養膏擦一遍。

網編鞋　用皮革剪成帶狀編織的鞋子，若用泥膏類的油擦，將會滲入網目中。塞住空隙，必須用液狀的清潔液，以布沾來用，最後再塗上液體保養膏。

靴子　依照不同的皮料，做如上述的保養，此外宜於靴子中塞鞋型或報紙，以保持原形。

濕鞋的處理

下雨浸水的鞋子，如果就放著不加以處理，最後皮會鬆掉而變形。應儘快用報紙揉成團，塞到鞋中吸收水分。淡色的鞋怕沾上報紙上的油墨，可先用布將報紙先包起來。

等水分大致吸乾後，再換新報紙塞好、整形，放在通風的地方陰乾。等完全乾後，再用刷子去除污泥，進行保養工作，可多塗些鞋油，穿前再噴一次防水劑。

鞋子需收放在乾燥處

髒和濕是使鞋子長霉的原因。長霉後可用防霉油膏擦掉，收放在乾燥的地方，或放乾燥劑、防霉劑等。

用鞋楦來保持鞋子不變形，是最方便的。除此之外，可以在包頭鞋的尖部塞舊報紙，或是在鞋尖到鞋跟之間，用竹棒、筷子等撐起來。這樣鞋子就不至於縮小或變形。

像馬靴等可以穿很久的鞋子，更要注意梅雨季節的保養，在潮濕的季節，有了好天氣，就拿出來曬一曬，可以收到事半功倍的效果。鞋底若也是皮的，連鞋底也要塗上保養油。

橡膠的長筒鞋，用清潔劑洗一洗，拿水沖淨即可。但要避免太陽直射，以免橡膠變軟。

修理要趁早

鞋子最常要修理的是換跟，千萬不要等到全磨光了才換，以免傷到鞋跟。如果已經傷了鞋跟或鞋底，不妨整個換新。

鞋墊髒了，可用布沾水擦淨，太髒就乾脆換新的。其它部分如果開了要儘快修理，上面的配件也可以重換。褪了色，可拿去重染（以黑、濃色、茶色為限）。

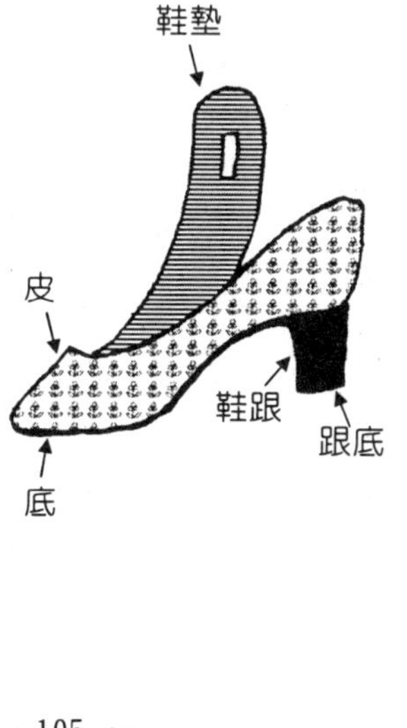

布鞋、運動鞋

泡肥皂粉洗可洗得很乾淨

一點點髒就要趕快洗　布鞋、運動鞋要經常保持乾淨，穿起來才會舒服。

鞋子髒了馬上洗，可以很容易地洗乾淨。若放很久才洗，污垢已滲到布裡，即使花很大的功夫，也很難完全洗淨。

洗前要先把鞋帶拿下來。把鞋子在水中浸濕，塗上中性洗衣粉，或布鞋專用洗潔劑，拿舊牙刷或洗衣刷子充分地刷洗，若泡在肥皂水中有褪色的現象，最好拿出來洗。特別髒的部分，要重複地刷洗，直到污垢除去後，用清水沖乾淨，扭去水分放在通風的地方曬乾。直射太陽過久，有時會使顏色變黃，要注意。

要使鞋子乾得快些，可在鞋裡塞報紙，一段時間就換掉，這樣一方面也可防止鞋子變形。等全乾後再噴上防水劑。

皮製的運動鞋，使用皮革專用清潔劑，洗法和帆布鞋一樣，但要用軟一點的刷子。

孩子的運動鞋泡在溫水中洗　好動的孩子的運動鞋，經常又是灰塵，又是泥巴地髒得不得了。除了泥巴之外還有油垢，以及成長期分泌特多的汗垢等，不只是髒，還有一股難聞的味道，用布鞋專用清潔劑可以除垢除味，或用洗屋子的清潔劑代替。

洗前先拿竹片將鞋上的泥土刮掉。拿下鞋帶用手洗。把鞋子泡在洗澡後的溫水中，洗時將鞋拿出，在髒的地方擦上洗潔劑，等十五分鐘後，洗潔劑滲入布內，才開始洗。

用刷子刷洗時，不要忘了裡面也要刷。最好是用有長柄的刷子，這樣洗鞋子裡面就方便多了。都洗淨後，才放入洗衣機內，稍微脫水比較易乾。

脫水後拿到外面曬乾，如果沒有很多的空間曬布鞋，可用掛鉤掛起來曬。孩子的運動鞋，一般都很堅韌，不怕曬太陽，可選通風有陽光的地方曬。

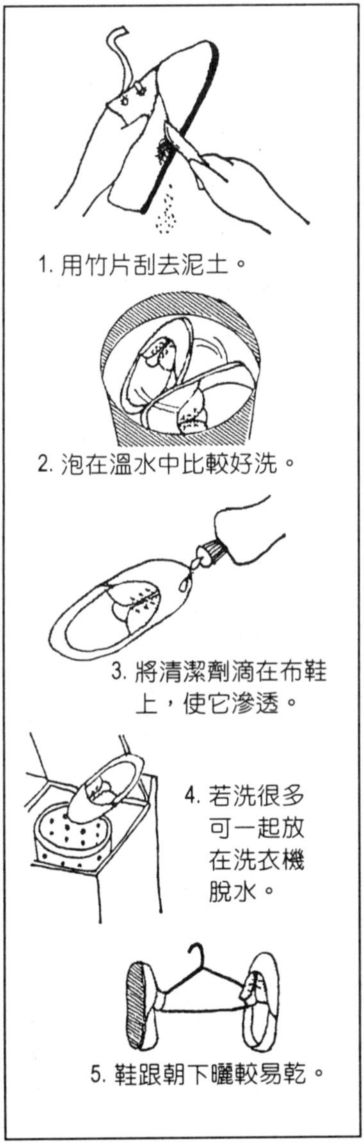

1. 用竹片刮去泥土。
2. 泡在溫水中比較好洗。
3. 將清潔劑滴在布鞋上，使它滲透。
4. 若洗很多可一起放在洗衣機脫水。
5. 鞋跟朝下曬較易乾。

帽子

帽子內側最容易髒要特別注意保養

羊毛、絲質的帽子要很小心　帽子外面如果髒了，多半是灰塵、煤煙等。內側則經常沾上臉的油垢、頭皮等。尤其是羊毛、絲質帽子，每次外出回來，就要馬上處理，將灰塵除去。

呢帽如果沾了污垢，用橡皮或沾濕擠乾的饅頭或土司擦去，但千萬不要太勉強，只要使污垢不太明顯就可以，以免傷到呢布。再髒的話，就只好送去洗衣店洗。帽子的內側和帽帶，用布沾揮發油擦淨。

各種草帽用肥皂水洗　草帽用過後先拿刷子刷去灰塵，以毛巾沾稀釋的肥皂水整個擦洗，最後用醋水再擦一遍，可以保持原狀。

如果帽沿變形，可以在帽子下鋪毛巾，用牙刷沾化學漿糊，由外向內慢慢地塗一層。

草帽很容易長霉，一定要充分地陰乾後，用紙包起來，放在紙箱內收藏。

綿或合成纖維的帽子可刷洗　綿或合成纖維的帽子，可用牙刷沾中性肥皂水刷洗。若是怕變形或褪色，可將帽子套於竹簍或大碗上，再拿刷子洗。

有內襯的帽子，洗時容易縮水，運用這方法，便可避免。

洗的順序是由帽子的內側、外側到帽沿。洗時動作儘量快些。帽帶上不易洗掉的污斑，可用洗屋子的清潔劑。

清洗乾淨後，用牙刷沾化學漿糊在帽子上刷一層，便可保持硬挺。

曬時，若能套在適當的竹簍上，不但可保持帽型，也容易乾，若沒有剛好大小的竹簍，則用洗衣夾夾住帽沿，吊起來曬，要記住常換位置，使帽子能平均，並且在衣夾夾住的地方用布墊著，以免留下夾子的痕跡。

燙時，要趁帽子還有點濕的時候，用左手拉住帽沿，邊拉邊燙，可以防止縮掉。燙帽身時，可將毛巾團起來，墊在帽子裡面。

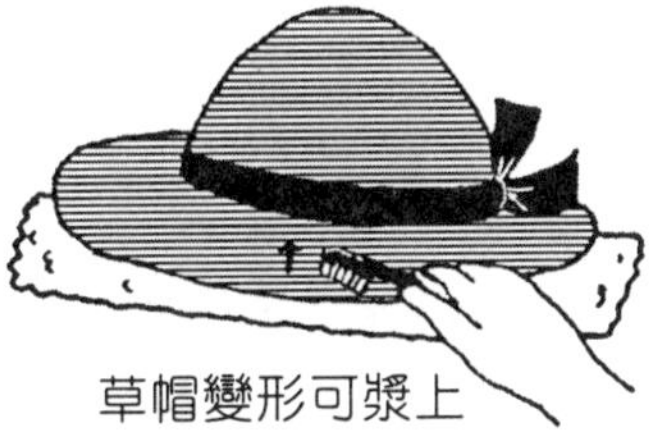

草帽變形可漿上
化學漿糊

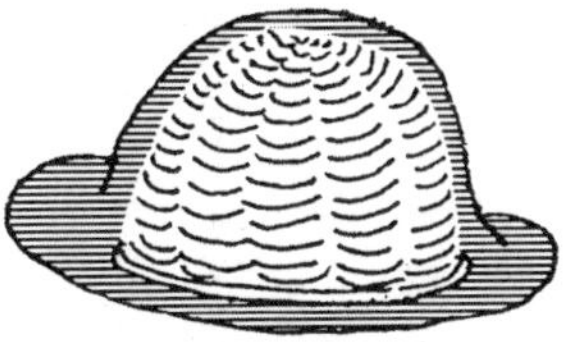

綿布或合成纖維的帽子，
可罩在竹簍上曬

飾物

按不同的寶石做慎重處理

寶石因種類的不同，而有不同的特性，如果將不同類的寶石一起處理，很容易使寶石受傷，所以必須一一分開。

鑽石、紅寶石、藍寶石　這類寶石的硬度很高，不易刮傷，也不怕陽光、高溫或化學藥品。但若受到硬物的撞擊容易破裂，要特別注意。

如果寶石的表面失去光澤，拿廚房用的中性洗潔劑，取溫水稀釋後，用牙刷沾了輕輕刷去污垢，然後用乾淨的溫水洗淨，以乾布擦乾水分。

珍　珠　珍珠怕香水、肥皂或其它酸性的溶液，不小心接觸到這類物品，會使珍珠變色而留下痕跡。它也怕熱，所以儘量不要靠近火。任何寶石最好都不要帶入浴室或廚房，此外，要等化粧完後，再戴上寶石飾品。

人的汗是酸性的，所以，每次戴完拿下後，都要用軟布將珍珠飾品擦拭乾淨。若上面沾有汗水，必須用紗布沾水擦一下，再拿乾布將水分擦乾。

土耳其石、蛋白石　土耳其石怕光和酸，長時間照射太陽，或是浸到醋，都會導致變色變質。而且也很容易碰傷、刮傷。

蛋白石不怕熱，但是，過分乾燥會造成褪色，或產生裂紋，所以，不要靠近火或暖爐附近。如果沾上了化粧品，可用軟刷在清水中洗一下，用乾布擦乾。

珊瑚、象牙、瑪瑙　珊瑚遇酸便會失去光澤，故經常要把汗漬擦掉。象牙時間久後，會自然變黃。

用布沾雙氧水擦拭，可使發黃的象牙變白。但有時這麼處理的結果會使象牙變得粗糙，所以，保留自然的微黃，也很有價值感。象牙戴完後，可用刷子沾稀薄的肥皂水清洗。

瑪瑙的處理方式和象牙相同，但瑪瑙比象牙更容易割裂，應更加小心。

玳瑁、琥珀　此類飾品很容易受傷，而且怕酒精，絕不可用揮發油、松香油等擦拭。帶完之後，只要拿軟布擦掉汗漬即可。最好是用擦眼鏡的絨布擦，就不至於傷到飾品。

此外，這類飾物也怕熱，洗澡時一定要拿下，也不要放在廚房或浴室裡，以免熱氣在飾品中形成霧狀白紋。

因為這兩類都是取自動物，所以怕蛀蟲，收藏時加防蟲劑、用紙包好放在通風良好的地方。

在水裡晃一晃

拿牙刷輕輕刷洗

貴重的金屬可放在中性肥皂水中晃洗

金　金子有24K、18K、14K、9K等不同的混合比例。純金固然不會變質，但若銀、銅等的混合比率高些，不仔細保養，就很容易變質或失去光澤。金質很軟，容易弄傷，而污垢、汗漬、化粧品等就自然地留存在裡面，這時可將飾物放在稀釋的中性肥皂水中，輕輕地搖晃，弄淨後用布將水分拭去。

白　金　白金和黃金一樣，都是很穩定的金屬，在自然狀況下皆不易變質或變黑。有輕微污垢時放在中性肥皂水中搖晃去污。在細縫的地方可用小刷子輕輕刷洗。最好不要用牙粉或其它藥品擦拭。

銀　銀用久後會發黑。這是因為銀與空氣中的硫化氫氧化而產生黑色的硫化銀。溫泉或洋蔥裡所含的硫磺成分，也會使銀變黑。但是，經過電鍍加工後的銀，就不會變黑了，這時可用中性肥皂水加以清洗。

帶點黑色的銀，就像特地做的燻銀一樣，也有不同的價值。若是想使它恢復原來的顏色，用牙刷沾些牙膏或買專門清洗銀所用的藥水，輕輕擦拭即可。

鍍　金　鍍金的飾品可泡在加中性洗潔劑的溫水中，搖晃洗淨。千萬不要用力擦洗，因為表面的鍍金如果受到損傷，容易生銹。清洗完後，用乾淨的軟布擦乾。

雕　金　雕金的手工十分精緻，但精緻的細部，很容易沾染塵垢，這時可將飾品泡在肥皂水中，用獸毛的軟刷輕輕刷洗，再用清水洗淨。不易洗到的地方，可將牙籤的尖端稍微磨平，然後伸入清洗。

木質飾品　如果這類飾品的表面塗有透明漆，只需將毛巾沾肥皂水擦洗，清水沖後讓它自然乾。表面如果沒有經過加工，用乾布擦即可。

貝殼類　為了不讓鹽份和砂粒殘留其中，到海邊玩回來後，要用清水沖洗乾淨，若是沾上化妝品，必須用肥皂水洗，不容易去除的部分用刷子輕刷。

人工珍珠　以貝殼、玻璃、塑膠為核心，表面再塗上珍珠粉的人工珍珠，若稍有刮傷，表面的珍珠粉很容易掉落，所以平常要常擦拭，最好不要沾染污垢。

寶石的保管與修補

各種寶石因為硬度不同，如果整個放在箱子，會互相擦傷。最好是用有多隔層的寶石盒，將不同類的寶石一一分開，如果沒有辦法，就必須用布或化妝紙包起來，收到箱子裡，若要放置防蟲劑，需以紙包起放在盒子的角落。

一般銀樓多半可以幫顧客清潔、修理，如果自己沒辦法處理，最好請專家來處理。

用化妝紙包起來
再放入盒中

陽傘

陽傘是個人色彩的象徵 要細心保養

夏季結束後要用水洗淨收藏　漂亮的陽傘用了一個夏季後，會漸漸變黃，甚至在一些不注意的地方長出斑點。綿、麻、聚酯等質料的傘，使用過後用水清洗以去污垢，乾了後再收起來。

但嫘龍、混紡以及有裡子的傘，就不能常用水洗，所以，使用完後要用溫和的洗劑輕輕擦淨，如果傘面上有刺繡的鮮麗圖案，最好選用中性的洗劑。

傘柄朝上從內面開始洗　將傘打開後，傘面在下，傘柄在上，將傘固定在臉盆等容器上，從內面開始洗，注意不要弄濕傘柄，怕弄濕的話，不妨先用塑膠袋將傘柄包住。

洗時由傘骨間的三角部分開始。用牙刷沾洗潔液，由內向外刷，比較寬的部分可用洗衣刷子。

將左手放在傘布下，右手拿刷子洗掌心上的傘布。內面洗完後，再洗外層，同

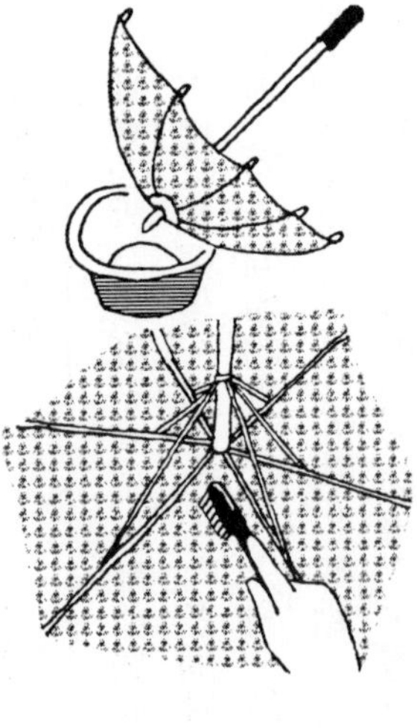

用牙刷在傘骨間清洗

樣用刷子由內向外。

發黃，有斑點等不易洗淨的部分，要用牙刷沾洗劑拍洗，但要避開有刺繡的部分。

洗完後，整個用清水沖洗，洗去洗潔劑後，用乾毛巾拍乾。

最後噴上防水、防銹油　等傘乾了以後，拿綿花棒沾上縫衣機的油，或是沙拉油，塗在傘骨接縫的部分，以防生銹。

最後噴上防水性強的氟系防水劑，放於通風乾燥處晾乾，這樣處理過後，就不怕淋雨後會傷到布面。

雨傘的保養

平時的保養最重要　雨傘用過後，必須將雨水甩乾，打開、晾乾。濕的傘需將傘打開，傘柄朝下立好，讓水分滴乾。使用過後，拿乾毛巾擦拭中間的傘骨，尤其是折疊式的傘，為了防止生銹必須等乾了再收起來。

常常將傘打開來沖水，可以洗除夾存在縫隙的污垢。如果已有生銹而不易開合的現象，就要用綿花棒沾油塗抹。

三到四個月要用水洗一次　雨傘若太常洗，會影響防水效果，所以，差不多三到四個月洗一次就夠了。

將洗衣粉泡在水中，拿刷子沾肥皂水清洗，像折疊處等特別髒的地方，可以用洗屋子的強力清潔劑洗，乾了後，將傘骨擦乾，整個噴上防水液。

化粧用品

髮梳用洗髮精洗

最後要記得用潤絲精　先挑掉髮梳上的毛髮，不易去除的，可將兩把梳子一起磨擦，從根部梳出來，最後用水清洗，可加上潤絲精，這樣能去除澀澀的感覺，使梳起髮來格外舒適，然後用力甩掉水分即可。

黃楊木梳用茶油擦　木梳泡水會傷到木質，使木質失去原有的光澤。平常使用後就用紙順著梳子的齒目清潔。

比較髒時，可在軟布上滴些茶花油輕擦，不但可去污，還可使木質增加光澤。塑膠梳子只要泡在稀薄的肥皂水中清洗即可。

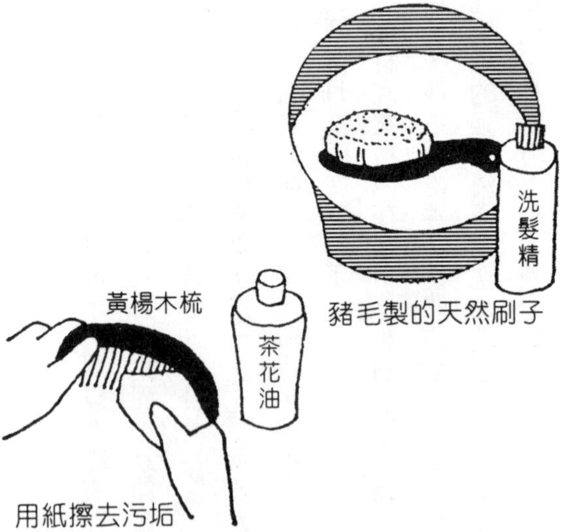

粉撲海綿常用中性肥皂水壓洗

海綿洗淨後還要將肥皂水充分洗除

像海綿、粉撲這類的化粧用品，往往髒了也不容易看出來。

因為粉撲等經常沾粉、粉底霜，積存多了，若不清洗實在是很不衛生，同時也容易使化粧不均勻，應常清洗。

粉撲裡的海綿，如果能拿出來，就需拿出來清洗。在溫水中加肥皂粉，拍打出泡沫後，將海綿浸泡在裡面，兩手用力壓洗，水若被污染，就要換水，直到完全潔淨。尤其是海綿很容易吸回殘留的肥皂水，所以必須用力壓，清水洗完後，扭乾水分，陰乾。

化粧圍巾髒了馬上處理　圍巾有帶子，如果放在洗衣機洗，很容易纏在一起，需特別注意。若沾上了口紅等，必須拿汽油拍洗。（去口紅印的方法詳見於後）

裝香水的容器用酒精洗　噴霧式的香水容器，洞口處容易堵塞，若要重新裝香水時，需用酒精在瓶口內外清潔消毒。

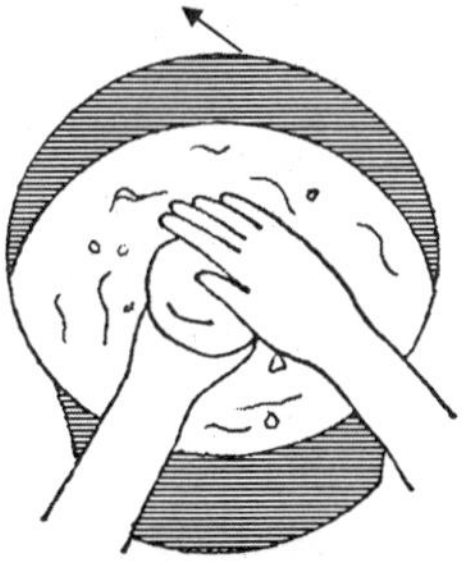

壓洗粉撲

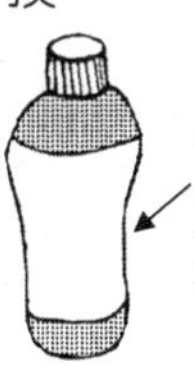

假髮

丙稀酸纖維製的假髮不要在濕的時候刷

假髮有用人髮及丙稀酸纖維等製成的，不論是那一種，在清洗前都需用刷子輕刷，再泡在加洗髮精的水中清洗，當然也有專門洗假髮的清潔液，但一般只要用洗髮精即可。人髮的假髮，最好用溫水洗；丙稀酸纖維製的假髮則用冷水。人髮製的假髮宜用刷子刷洗，丙稀酸纖維製的假髮則不能在毛髮濕的時候刷，不然會傷害髮質。

洗髮精的用量和一般洗髮一樣，將它溶於溫水中，拍打起泡，丙稀酸纖維製成的假髮，只是表層會髒，只要輕輕搖晃或拍打，就可洗淨。人的毛髮容易吸收髒污，除了搖洗之外，還需順著髮根到髮梢的順序，仔細地刷洗。不論是人髮或丙稀酸纖維製的假髮，用洗髮精洗過後，都需用大量清水沖洗，再加潤絲精，然後再用清水沖洗一遍，用毛巾包起來，吸乾水分後，放在通風處陰乾。

丙稀酸纖維乾了以後會自然捲起，不需要做髮，但人髮就不行了，在半乾時需梳出髮型，用噴膠固定。

丙稀酸纖維製的假髮需壓洗

人髮製的假髮用刷子梳洗。

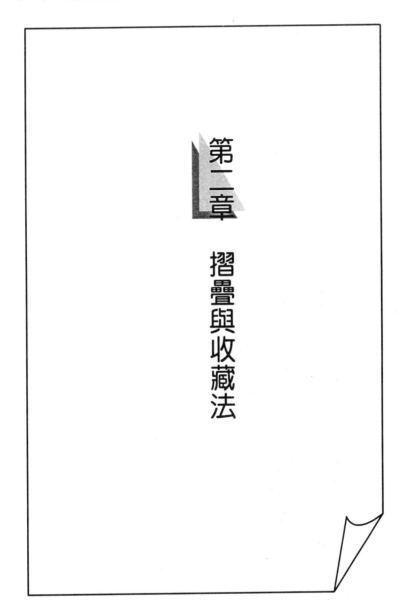

第二章

摺疊與收藏法

襯衫

襯衫釦上上面二個釦子疊好

將襯衫上面的二個釦子釦好，依左圖的方式摺疊起來。如果不清楚，不妨參照洗衣店送回的襯衫摺法，若能學會幾種摺法，整理衣服就輕鬆多了。

收時要注意不壓到領子，放的時候要能使衣物一目了然，拿一件時不至於弄亂其它，所以最好將領子拿出，一件件依次疊上。

若衣物要收藏很久，在漿時避免用澱粉類漿洗，因容易發霉或長蟲，最好用化學漿糊。

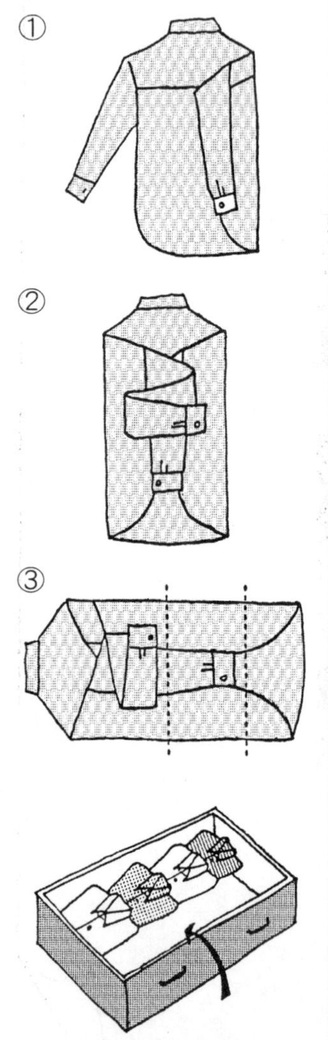

在抽屜底層鋪上瓦楞板比較容易拿

內衣

將胸罩的肩帶摺疊罩杯套在一起

洗好的內衣等完全乾後，一件件摺疊或捲起來收藏，胸罩可仿左圖般，將肩帶摺到中間，罩杯疊起來。連身或連襯裙的內衣，也同樣摺法。

內衣的種類和件數很多，收放時容易顯得雜亂，最好能將抽屜隔開，把相同的放在一起。束腹等加鋼絲的內衣，放時要防止變形，所以必須有充足的收藏空間。若要長時間收藏，等衣物乾後，放在塑膠袋中封起來。

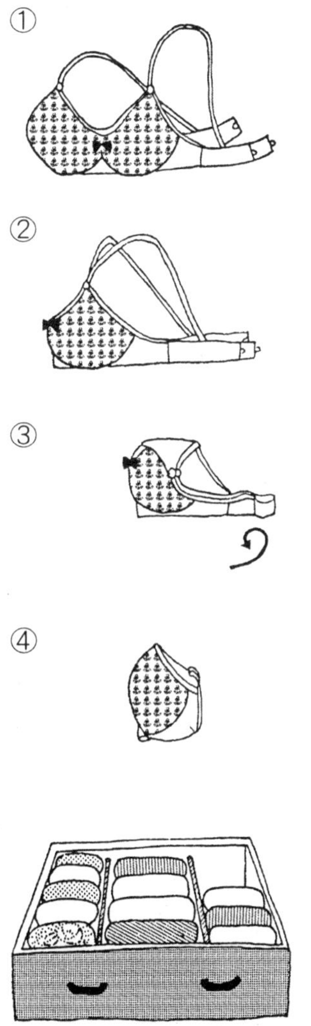

買些木板回來自己把衣櫥隔間

毛衣

把袖子疊起捲起來收在抽屜

常穿的毛衣可將袖子疊起後，捲成筒狀收藏，這樣的收藏法不會使衣服產生縐紋，而且不佔空間。送洗的衣服容易存潮，必須先拿下塑膠罩，再收藏。

不常穿的毛衣，要收到紙箱或袋中時，需放防蟲劑。

將春季、秋季、冬季的衣服分開來放，穿時要拿就方便多了。防蟲劑的用量，一件毛衣約使用二～三袋，也可以放些乾燥劑。

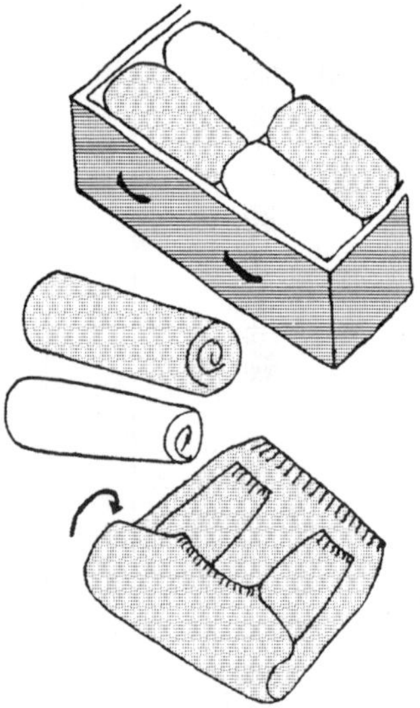

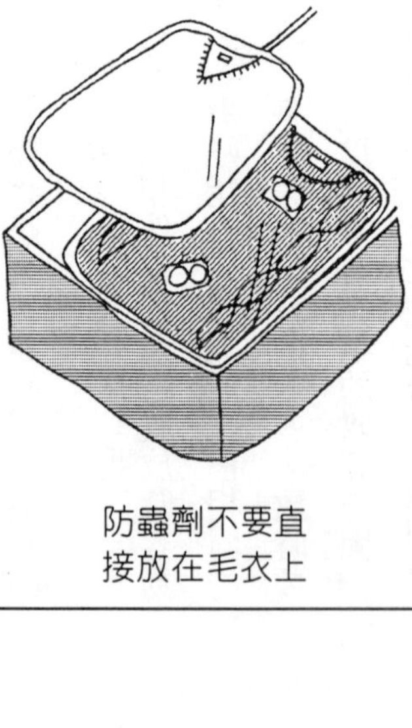

防蟲劑不要直接放在毛衣上

女衫、洋裝

柔軟的質料要加厚紙為襯

女衫或洋裝可用衣架撐起掛在櫥中，也可仿照左圖摺疊起來收藏。太柔軟的質料，很不易摺，可用較厚的包裝紙為襯。為了避免衣服印上包裝紙的圖案，使用時需將有印花的一面向內摺起。

摺好的衣服，如果很多件重疊在一起，也會產生縐紋、所以，洋裝最好還是用衣架掛起來，好一點的或顏色較淡的衣服，用塑膠袋套起來。

換季要收時，不論是女衫或洋裝，都可如左圖般摺疊，放在塑膠袋中，加上防蟲劑、放入衣箱內收藏。

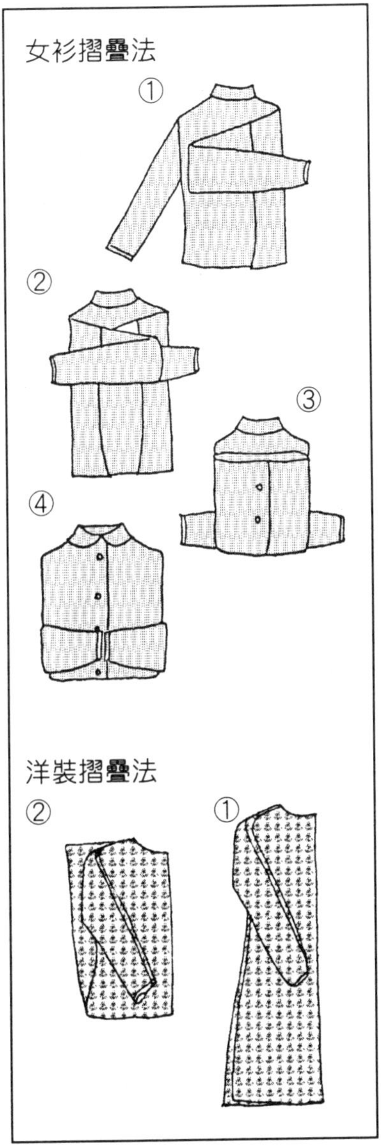

西裝

用結實的衣架掛起來

常穿的西裝，可以和長褲一起掛在櫥中。淡色或換季不穿的，必須用塑膠袋套起來，以免沾上灰塵。洗衣店用的細衣架，容易使衣服變型，所以，要選用肩部寬厚的結實衣架。婦女的套裝也一樣。

換季要收起時，可照左圖方式摺疊，和長褲一起放入套中，加上防蟲劑後收入箱內。

箱子標明衣物的種類、顏色，以便拿時辨認方便。

長短大衣

皮或羊皮大衣摺疊易生縐紋宜避免

各種大衣在收起前，都必須先送洗，帶上塑膠套，加上防蟲劑、掛在櫃中，也可以摺疊收入衣箱。容易產生摺紋的衣服，可在摺起處用包裝紙捲成筒狀為襯。

皮或羊皮的衣物不能燙，有了縐紋就麻煩，千萬不能褶疊，用套子套起來，掛在衣櫥裡記得放防蟲劑或脫氧劑。夏天偶爾也要拿出來透透氣。

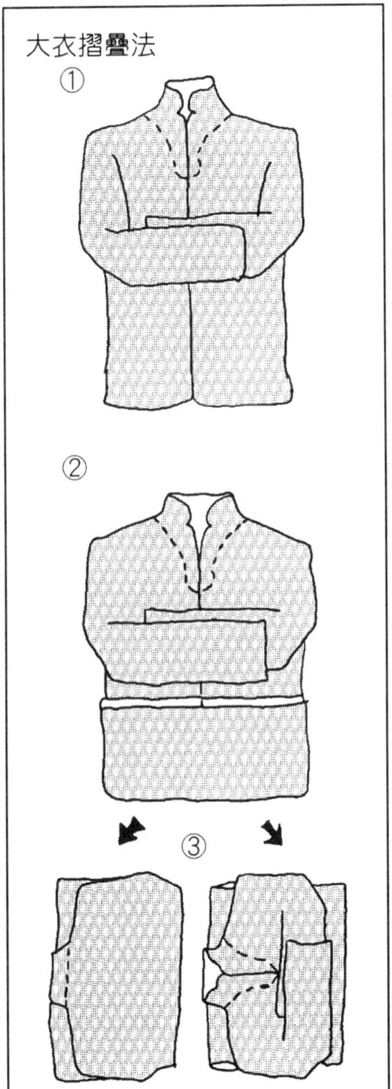

毛皮

用脫氧劑防蟲、防霉對毛皮最適合

毛皮常洗時，毛內的脂肪容易洗掉而變乾燥，所以不能常送洗，除非裡子很髒，不然最好自己動手清潔。

塑膠袋不透氣，所以，毛皮要避免使用塑膠套，最好是用舊床單做成衣套使用。

若準備裝箱，要選擇大的箱子，才不會壓倒毛。先用刷子將毛刷齊，用紙包好，加入防蟲劑、脫氧劑，放在乾燥的地方。

脫氧劑還可以放在毛皮大衣專用的收藏袋裡，這種袋子有大衣用的，也有短大衣用的，雖然價格貴了點，但每年只要換脫氧劑即可，而且可用很多年，還算經濟。

一般專門保管毛皮的衣店，都有特殊設備使衣服不長霉生蟲，可多加利用。

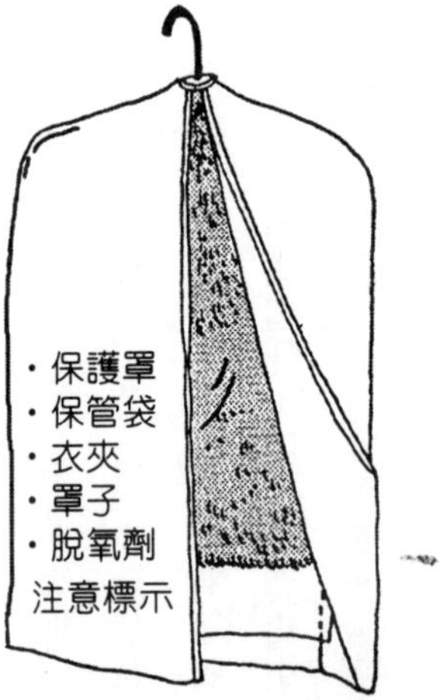

加了脫氧劑的收藏袋

換季收藏

長時間收藏需用密閉性較佳的箱型容器

為使收藏的衣服拿出後就可以穿，所以在收藏前需仔細檢查，將開線、掉釦等地方一一補好。不論是送洗或自己洗，一定要清洗後再收藏。

套裝、洋裝、大衣等易變形的衣服，要用衣架掛起來，如果沒有這麼大的空間掛衣服，就必須利用抽屜或箱子收藏。

抽屜的優點是方便，但缺乏密閉性，箱子的密閉性好，但要拿出來就很不方便，像羊毛或毛皮等衣物，要收藏很久，還是選箱型容器較好。

箱子的質料有塑膠、紙、鐵、木頭等，若要長期保存，選用塑膠和鐵的比較合適。

不管選用什麼樣的容器，不要把箱子塞得滿滿，才不會變形。應該一件一件輕輕地放上去。

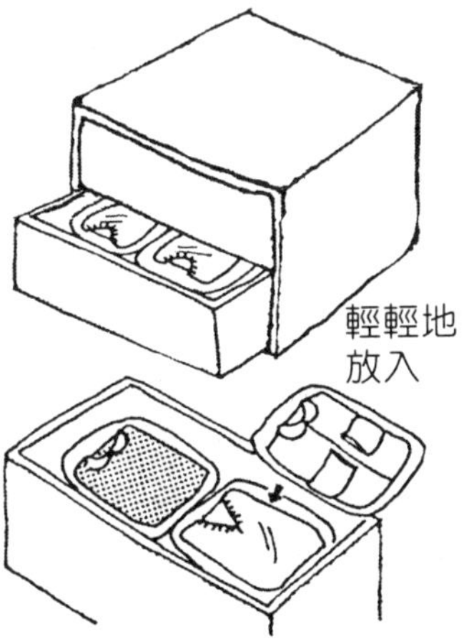

冬天的衣服要防霉防蟲
夏天的衣服要徹底清除汗漬

冬衣的收藏　衣服上若留有殘垢，收藏起來很容易長霉或變色。即使是偶爾穿一下，也一定要洗過才收藏。

從洗衣店拿回洗好的衣物，先把衣服從塑膠袋中拿出，掛在通風處，吹掉留存的濕氣。

冬衣收藏時要注意防蟲、防濕。絹或羊毛等較高級的衣服，送到洗衣店洗時，可請洗衣店做防蟲加工處理。但無論洗衣店有沒有防蟲處理，最好還是放些防蟲劑和脫氧劑，放在通風良好處收藏。

夏服的收藏　夏季的衣服容易沾染汗漬。如果衣服留有汗漬就收起來，會產生洗不掉的汗斑或變色。收之前一定要充分洗濯、徹底去除汗漬，如果不放心自己洗，可以送到洗衣店洗。絹、綢、羊毛等質料需乾洗，其它的夏服多半可用水洗。

如果洗過後，仍存有汗斑，可參照後文所述的方法加以脫斑或漂白，漿時最好用化學漿糊。

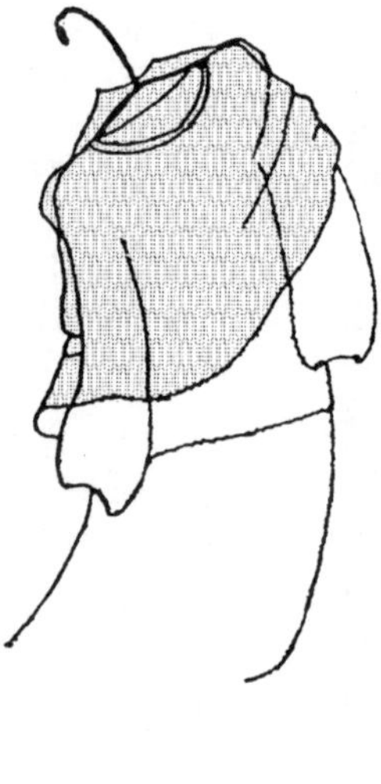

由塑膠袋中拿出、吹乾濕氣

防蟲劑

有金線、銀線、錫箔的衣物不要用防腐劑

一般防蟲劑有：Paraduhkorobenzol（防腐劑）、Naphthalin、樟腦等三種，它們都會揮發出特有的香味，以達除蟲的效果。使用時必需配合衣服的質料種類。

Paraduhkorobenzol 這種藥品的效果強而快速，但持續性較差，所以一、二個月就必須檢查一遍，補充藥劑。又因為它含有鹽離子，容易使金屬變黑，所以，有金線、銀線、錫箔等編飾的高級衣物不可使用。

Naphthalin 此藥的效力較前者稍弱，但能維持較長的時間，適合用於長期收藏的衣物。

樟　腦 樟腦的揮發速度慢，殺蟲力較弱，但是作用溫和、味道清香，適合毛皮、綢、絹類的高級衣服。

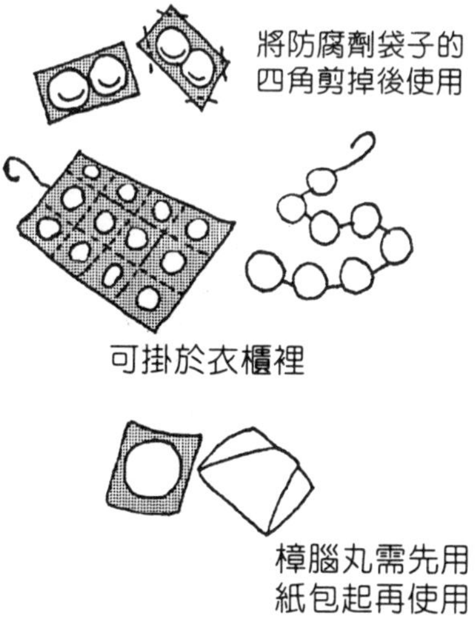
將防腐劑袋子的四角剪掉後使用
可掛於衣櫃裡
樟腦丸需先用紙包起再使用

不同的防蟲劑，不要放在同一個箱子使用

防蟲劑避免直接放在衣服上，衣服最好先用紙包起，再放置防蟲劑。不同種類的防蟲劑放在一起，可能會引起化學變化，必須只選一種使用。尤其是要補充防蟲劑時，要注意原本是放何種防蟲劑。因此，放藥劑時應將藥的種類、商品名稱記在箱子上，這樣處理起來較方便。

若防蟲劑在衣服上形成污斑，可送到洗衣店處理，或用熨斗燙一燙，可以除去污斑。

至於藥劑的用量，每個抽屜約放Paraduhkorobenzol十六小袋，衣箱約六袋。

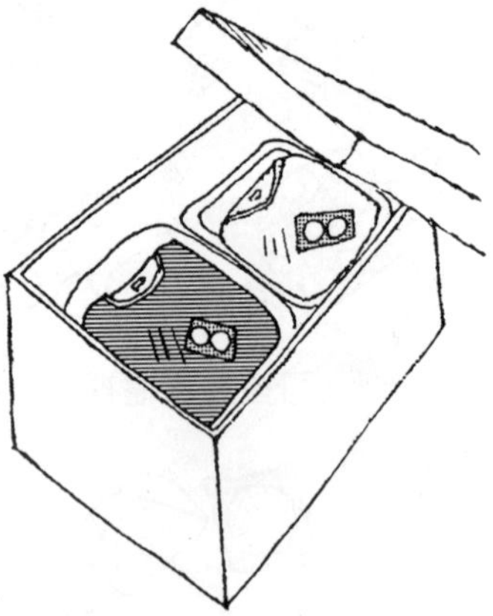

防蟲劑放衣服上面

可是衣服若塞得太滿，藥效便會減低。

最近還有一種可以放在衣箱底下的防蟲紙，它的味道強烈，但要注意不要使衣服染上斑紋。

不能說放了防蟲劑，就一切不管，而要仔細地看說明書，了解它的使用方法，和有效期限。

乾燥劑、脫氧劑

脫氧劑用於毛皮、絲、綢的防濕與防霉

市面上所賣的乾燥劑，大多是以白色顆粒的 Silikaje 為主要成分，一般藥房都可以買到。或也可以利用糖果、餅乾、海苔等包裝盒裡的乾燥劑。

淡藍色的顆粒吸收水分後，會轉變為粉紅色，這時可將粉紅色的藥劑放入鍋中，用小火烤，直到變回藍色，可繼續使用。容易潮濕的衣櫃中，可以安置電子的防濕器。

脫氧劑　前面曾提過有整套的含脫氧劑的保護套，它可以除去空氣中的氧，藉以防止蟲類孳生，及化學變化，可防蟲，保護衣物免於變質、變色或長霉等，也不用擔心會產生斑點，故對於毛皮、絲、綢等高級衣服的防蟲、防濕最適合。在百貨公司的毛皮專賣店，有時也有賣。

潮濕的乾燥劑，放於鍋中烤過之後可再用

曬乾

換季收藏的衣服也要偶爾拿出來檢查是否潮濕或長霉

夏天溫高而潮濕，衣櫥中的衣物很容易發霉。尤其是梅雨季節更應利用有太陽的日子，把收藏的衣物拿出來曬，一方面去除潮濕，同時可將害蟲卵去除。

因為梅雨季節容易受潮，即使只是很短的時間，也必要拿出來通風。

冬天要曬衣服，最好選連續多日的晴天，每天上午十點到午後二點，在院子通風良好的地方，把受潮的衣服掛起來吹風。如果有長霉的現象，最好在太陽下曬乾，再以刷子沿布紋刷去霉跡，若刷不掉，可用布沾稀釋的阿摩尼亞水輕輕拍洗除去。

把衣櫃中的衣服全部拿出來通風後，整理一下衣櫃，除去污物，補充防蟲劑、乾燥劑，再將曬過的衣服收起來。

有長霉的地方
用刷子刷掉

防水劑……輕輕地噴一噴，可防水、防髒

市面上防水劑有含矽的樹脂和含氟的樹脂，含矽的只用於防水；含氟的除了防水，還有防油、防垢的效果，所以怕髒、怕水、怕油的衣服可以使用，但毛皮或有金箔的衣服，噴了以後會妨礙通風效果，避免使用。

噴防水劑時，要把窗戶打開，並選擇通風良好的地方。衣服必須洗過並完全乾，若有縐紋也要先燙過。

將衣服放平，為怕傷到桌面，可先在下面鋪舊床單，然後噴防水劑。

防水劑噴過後，用熨斗（攝氏一二○度）熨一下，效果將更好。無論水洗或乾洗，都會破壞防水效果，故洗後必須重新再噴。

下列衣物必須噴防水劑
可容易地防止污垢斑點產生

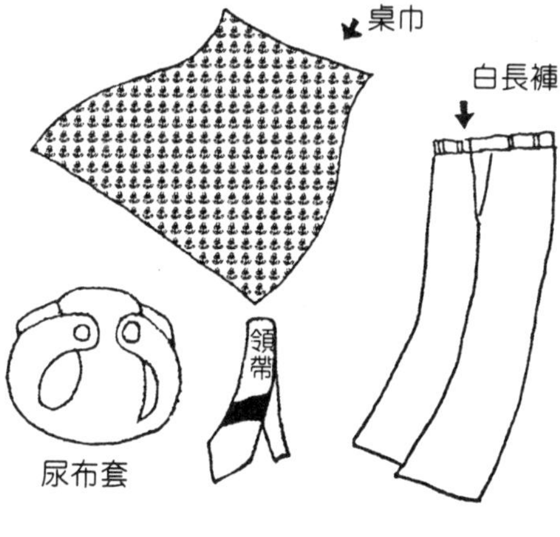

第三章

熨斗的使用

襯衫

以領子、袖口、前襟為重點

燙襯衫的重點是領子、袖口和前襟，即使不需燙的襯衫，這三個部位也該燙一下，這樣穿起來才顯得筆挺。

綿、麻等的襯衫，需用高溫攝氏一六○～一八○度來燙。混紡的質料，耐熱度較低，需視混合的纖維種類而調節溫度。

領子、袖口，前襟可先噴上漿，這樣燙起來更挺，但漿過的衣服只能燙一次。

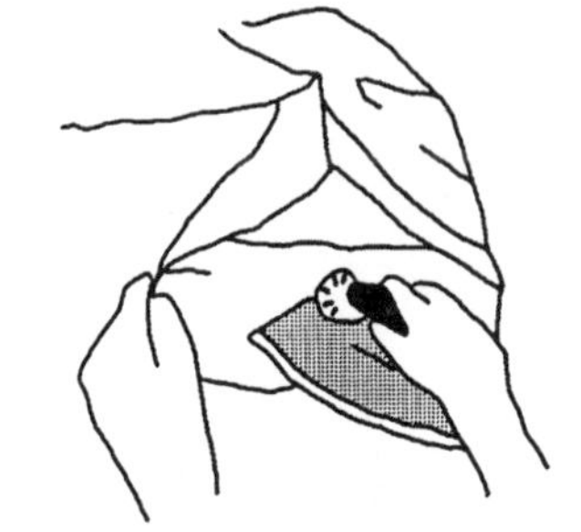

1. 由袖口裡層先燙

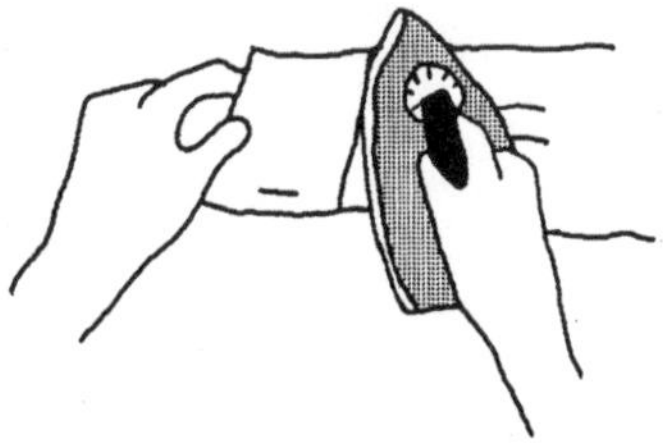

2. 把袖口對褶好再燙

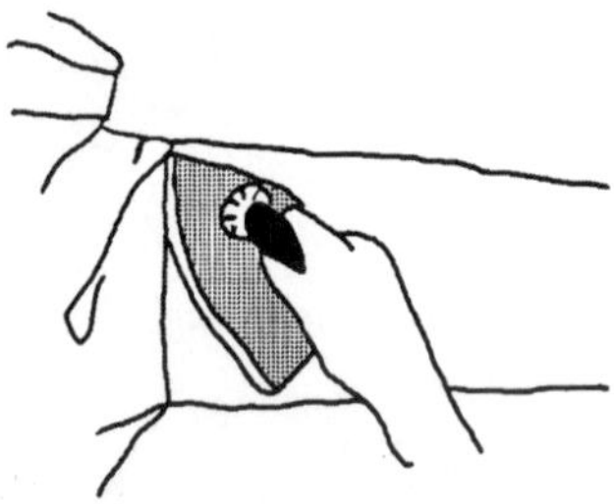

3. 袖子接縫處，將熨斗沿圓的縫線移動

4. 燙領背時用力壓向中間

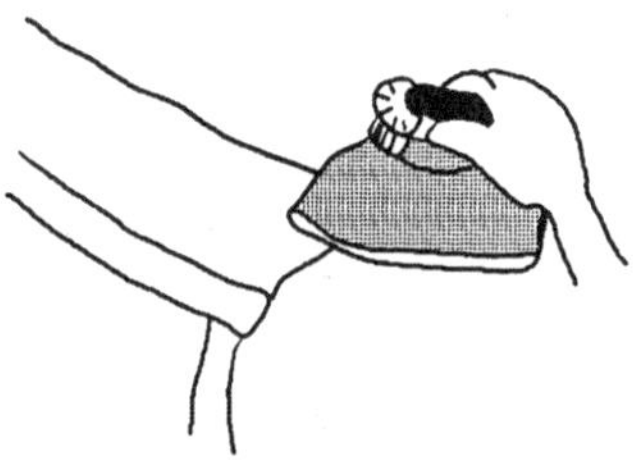

5. 領尖處用熨斗的尖端拉緊燙平

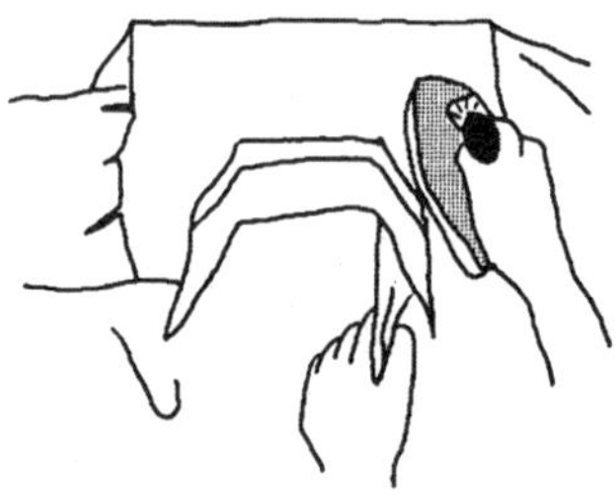

6. 後肩部份巷沿著領口燙

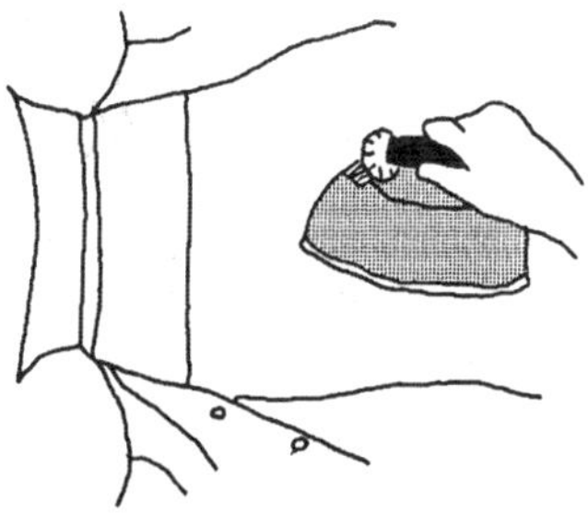

7. 背身處從內面燙

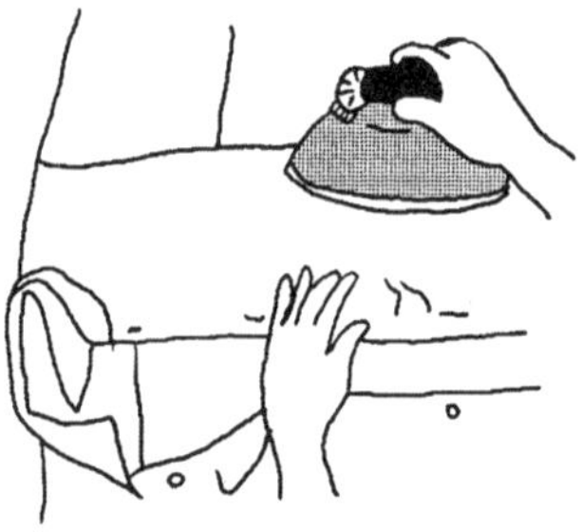

8. 前身需配合縫線燙

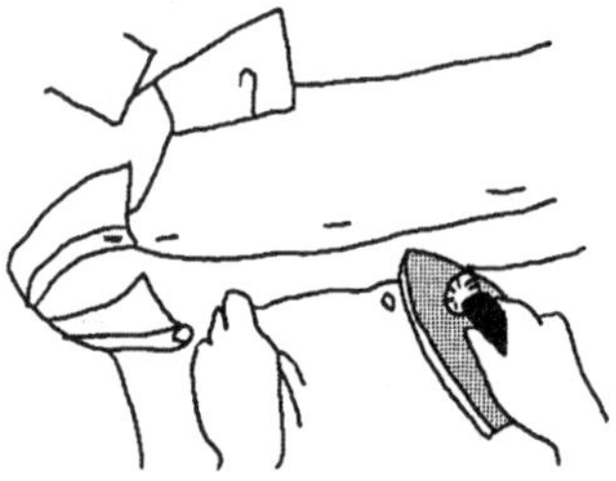

9. 燙前襟時，左手要幫忙拉平，鈕子附近用尖輕轉燙勻

女衫

燙前要注意標示

女衫所選用的質料繁多，燙前要看清上面的標示，再決定溫度。必要時可在衣服上墊一塊布，以免傷到衣料。袖山和袖下部分，不要燙得太死，要讓它們有膨鬆的感覺。燙袖子時，可將毛巾摺疊放在裡面，肩膀用燙衣服的圓架來燙。

有細褶或荷葉邊的部分，先用左手將褶撐開，熨斗尖端插入、左右搖晃。

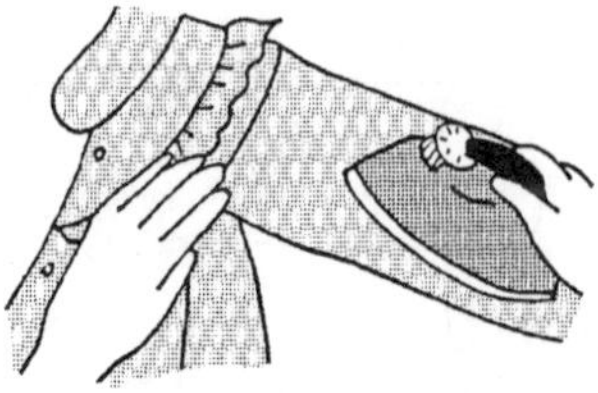

1. 袖山和袖下不要燙得太死

2. 將毛巾摺疊放入袖內、肩膀用燙架來燙

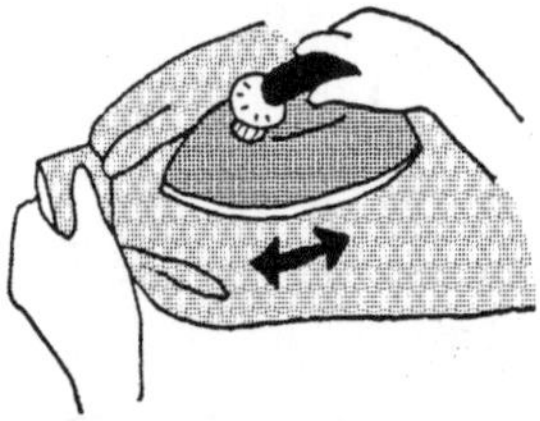

3. 細褶部份用熨斗尖端前後移動

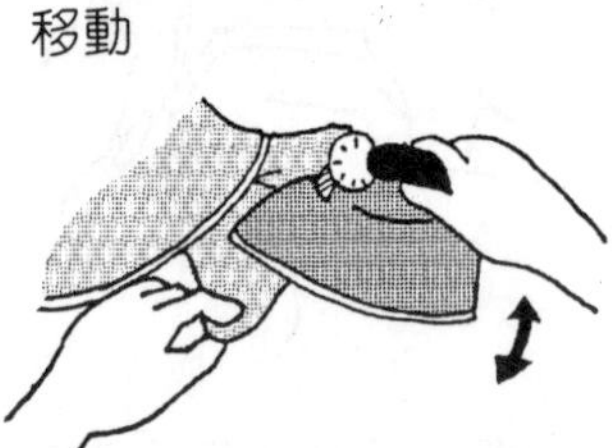

4. 荷葉邊先用左手按住、撐開左右燙

毛衣

羊毛怕熱需墊布燙

羊毛怕熱，必須用蒸氣熨斗燙，燙時熨斗只需輕輕浮在上層，不要用力壓。若毛線有鬆掉或縮水的現象，可以用左手拉長或堆擠，用蒸氣熨斗調整，兩個袖子最好疊起來燙才不會長短不齊。

為使毛衣的背面，不留下領口或袖子的痕跡，燙時裡面可塞入毛巾。

毛海、兔毛、刺繡或有亮片的，勿使熨斗直接接觸，只要浮在衣服上用蒸氣蒸即可。

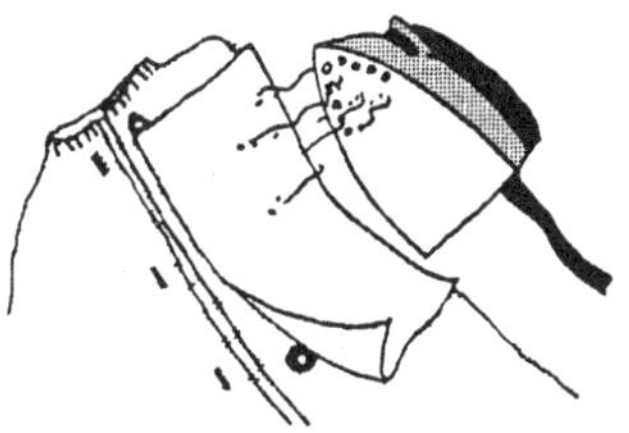

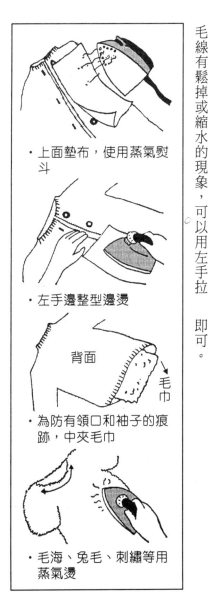

・上面墊布，使用蒸氣熨斗

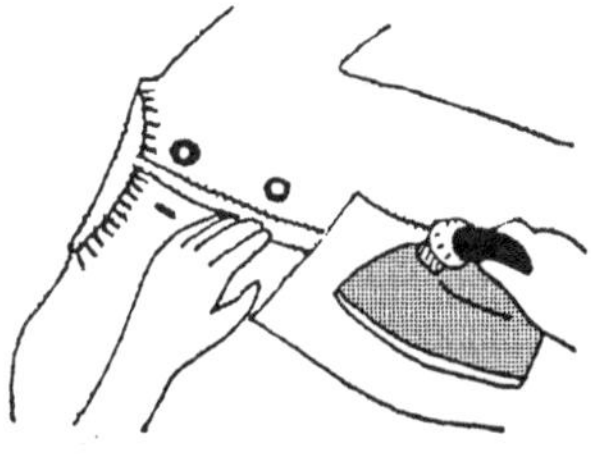

・左手邊整型邊燙

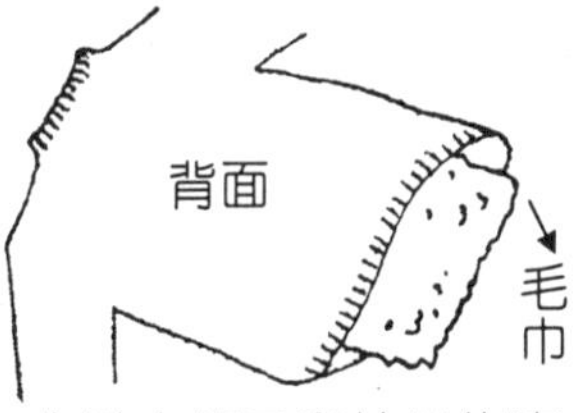

・為防有領口和袖子的痕跡，中夾毛巾

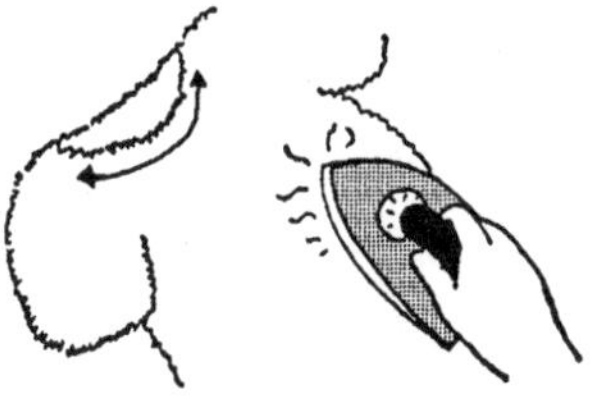

・毛海、兔毛、刺繡等用蒸氣燙

外套

燙時先從裡子開始，裡子怕熱，小心溫度不能太高，否則會融化或縮小。

整個用熨斗燙過後，在肘部、袖子內側，背面腰部等縐紋較多的地方，宜墊布，多噴些水，熨斗直接在布上燙效果更好。

縐紋明顯的地方要乾燙

顏色較深或質料較細的衣服，直接用熨斗燙，會發亮，應在上面墊布。

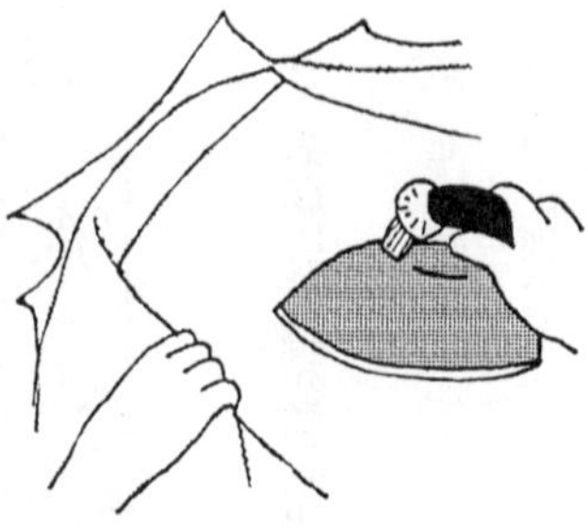

1. 燙裡子要小心溫度

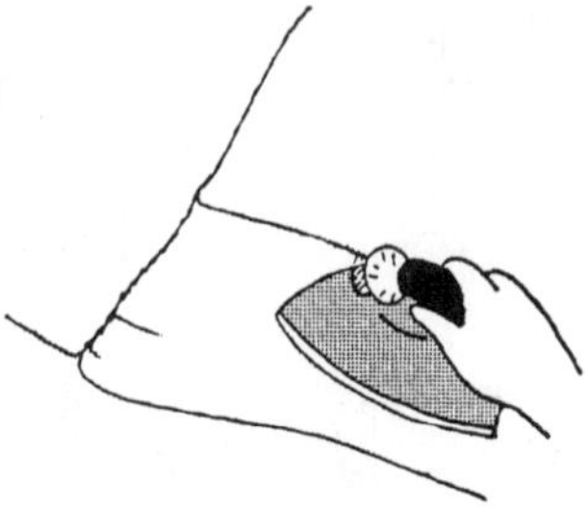

2. 接袖處不要有縐紋，宜用蒸氣熨斗

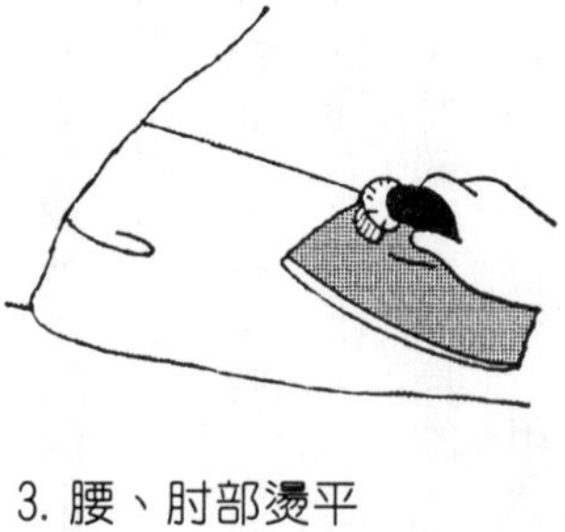

3. 腰、肘部燙平

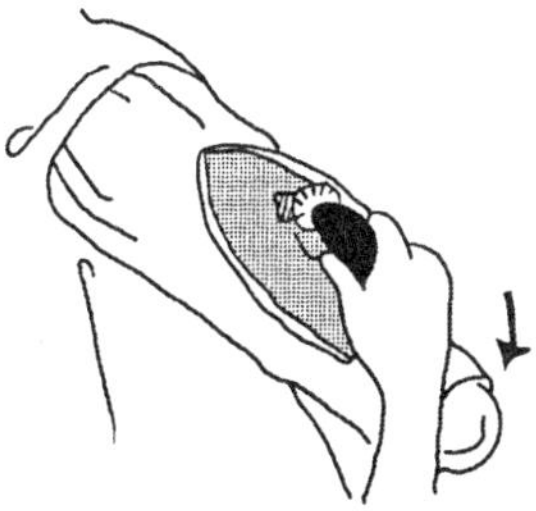

4. 用專門燙袖子的燙馬穿入袖子中燙，由肩膀到袖口使成圓形

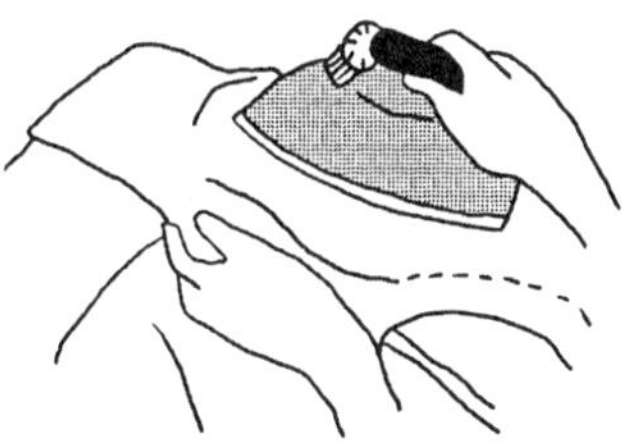

5. 肩膀也用燙馬

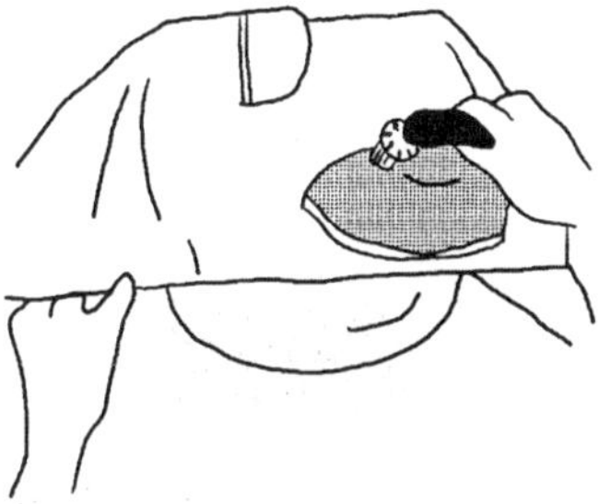

6. 在燙架上燙前面

7. 用蒸氣熨斗重點式地燙口袋

8. 燙背面宜多噴水，用一般熨斗即可

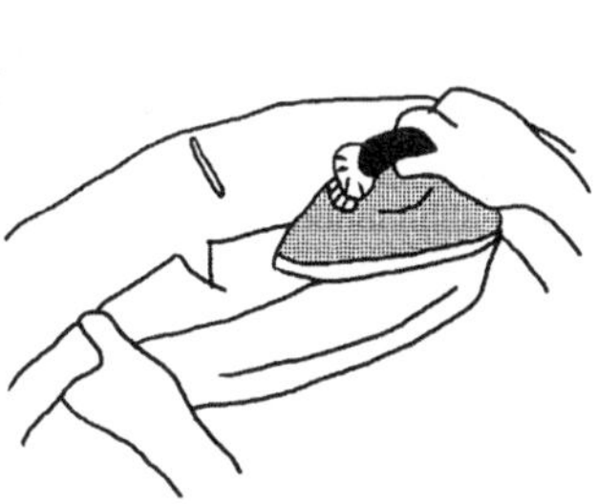

9. 領子要邊燙邊整型

長褲

膝蓋鼓起部份 用蒸氣熨斗燙平

長褲的褲線若燙得很挺，看起來有精神而且很舒服，如果腰部能燙出立體感，那更好。

膝蓋有鼓起或綹紋的部份，一定要燙平。腰的四周必須藉助燙馬，由內部先燙，才能把外面也燙得好。

如何處理摩擦發亮處

布紋緊密，顏色較深的長褲，如果常穿，很容易摩擦發亮。這是因為布面上的纖維被壓平的緣故。

處理時先用刷子刷起坐平纖維，再用蒸氣熨斗燙，即可使大部分的衣服都恢復原狀。

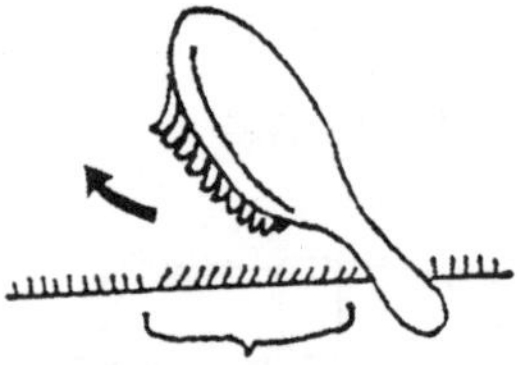

發亮

用強力蒸氣浮燙

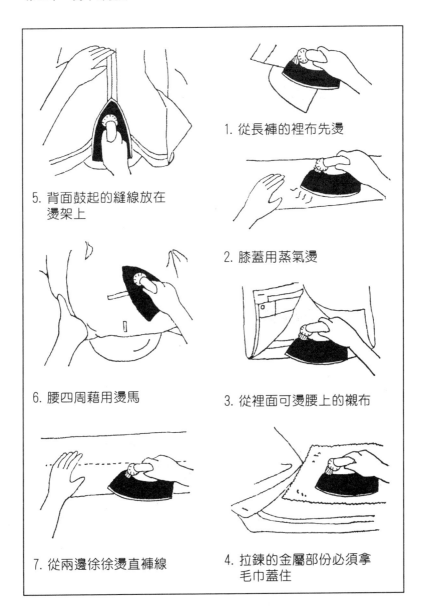

1. 從長褲的裡布先燙

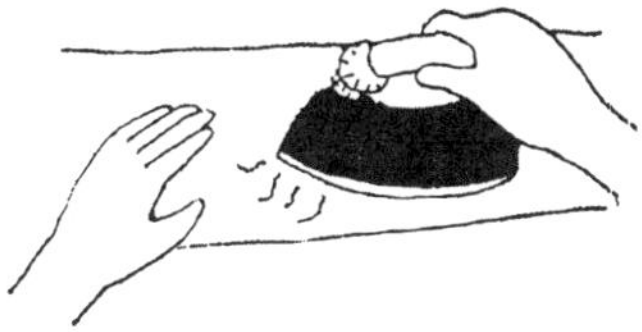

2. 膝蓋用蒸氣燙

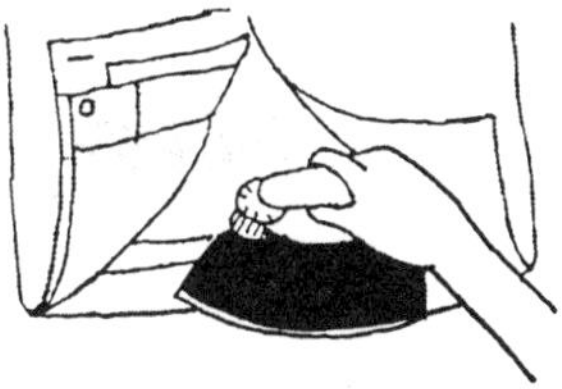

3. 從裡面可燙腰上的襯布

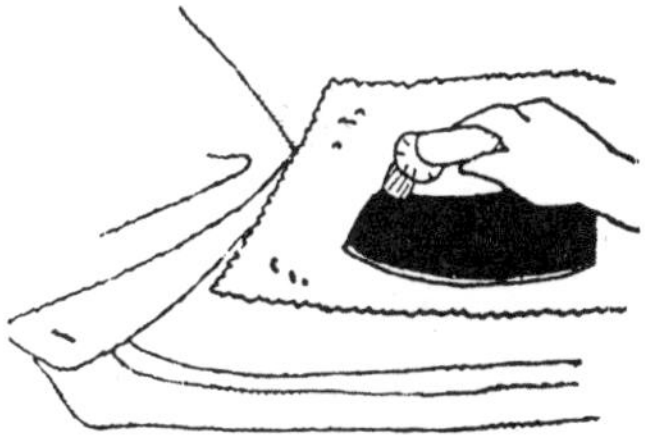

4. 拉鍊的金屬部份必須拿毛巾蓋住

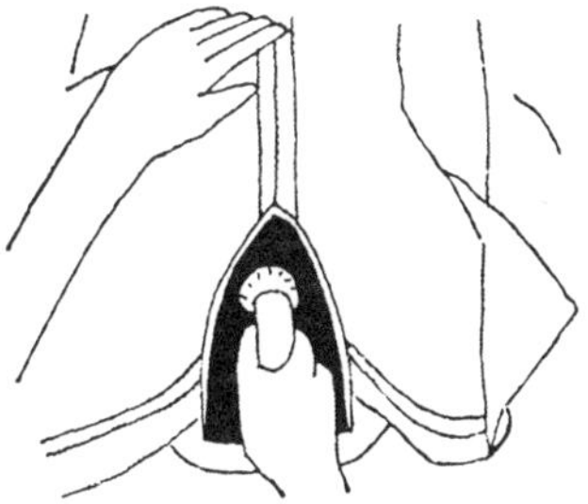

5. 背面鼓起的縫線放在燙架上

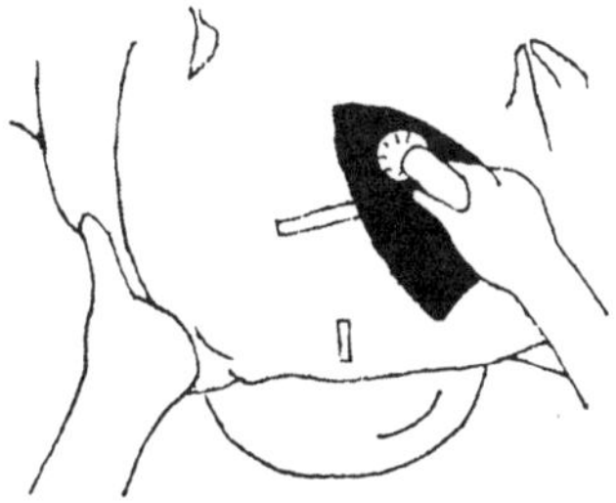

6. 腰四周藉用燙馬

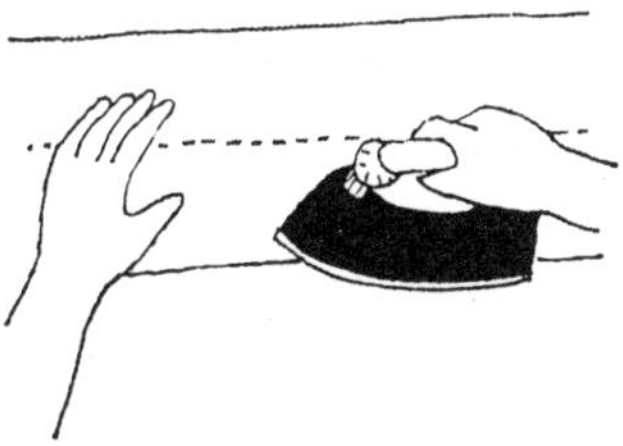

7. 從兩邊徐徐燙直褲線

裙子

使用站立式的燙架或燙台

利用站立式的燙架或燙裙子，將可省掉很多功夫，而且不易產生縐紋。若沒有這些設備，必須要平面燙時，不要動作太大，應一小部份、一小部份慢慢來。

泡泡紗或楊柳纖維的表面凹凸平平，需將衣服反面，並用濕布襯在裡面，熨斗從上面輕燙，不要用力壓。

裙子燙好後，雙手拿住腰部輕輕甩一甩，掛起來，去掉潮濕。

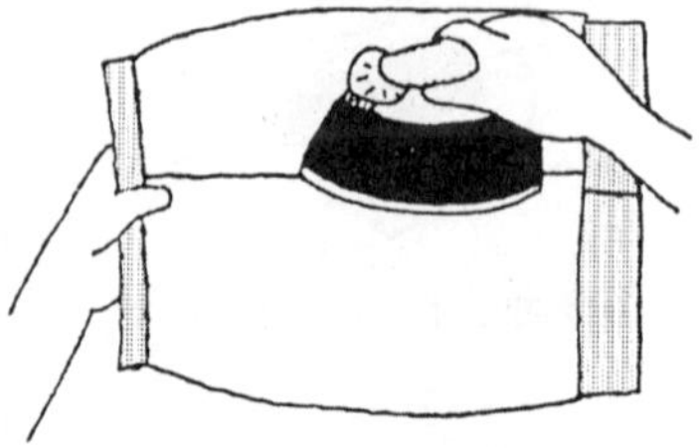

1. 先燙反面縫線部份

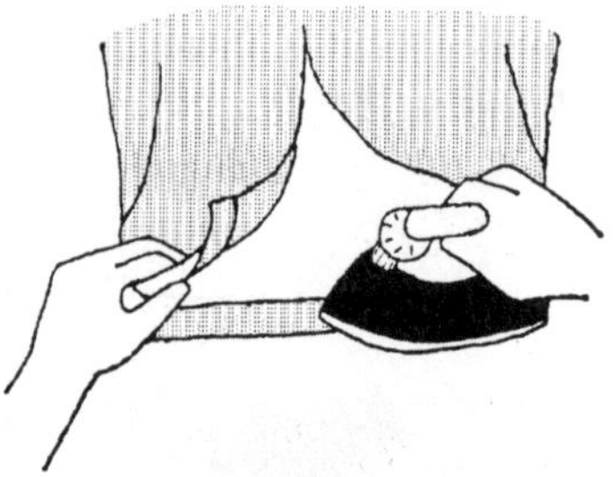

2. 從裡面燙腰袋部份

3. 腰部用燙架來燙

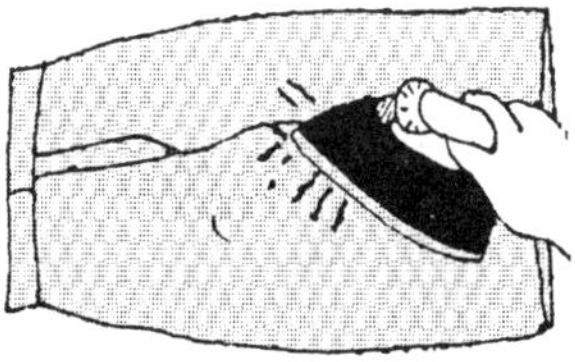

4. 坐的部份易拱起，選蒸氣熨斗燙

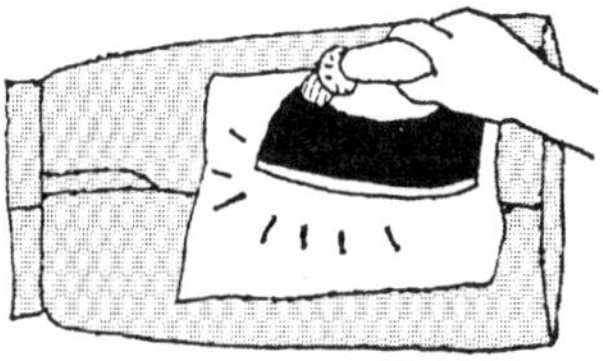

5. 墊上布燙裙子正面

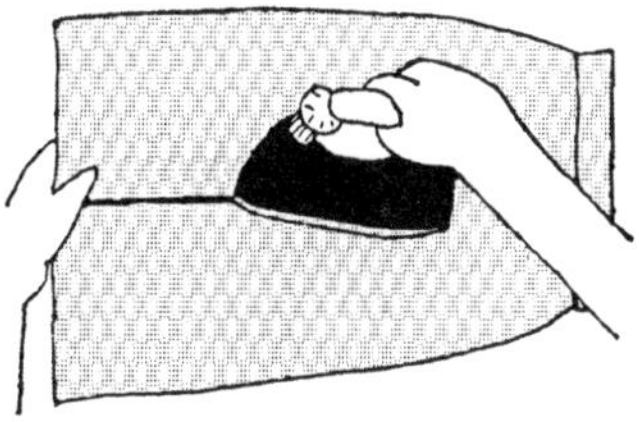

6. 先從下襬燙一圈，再燙開叉處

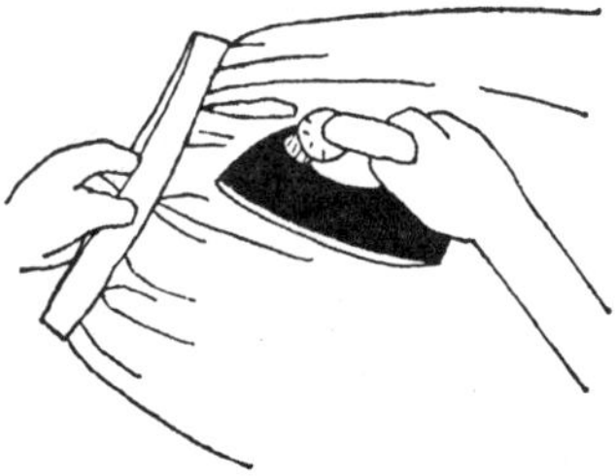

7. 腰部打細褶處用斗尖

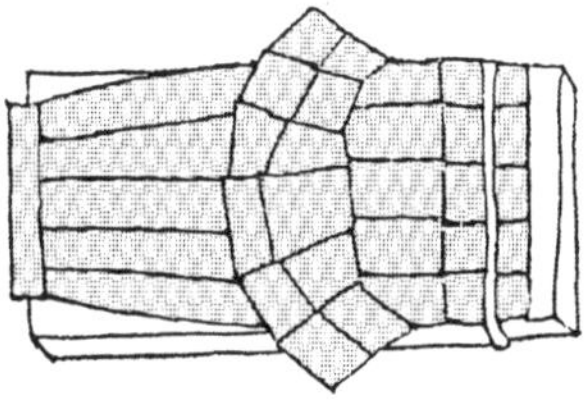

8. 大褶的裙子下襬可用橡皮固定，從面裡燙

9. 泡泡紗翻面，先墊濕布再燙

床單、桌布

床單等大件衣物用屏風摺

先將床單等噴水，然後摺成屏風褶，依序來燙。

1. 將燙斗把手朝已立起放好噴水

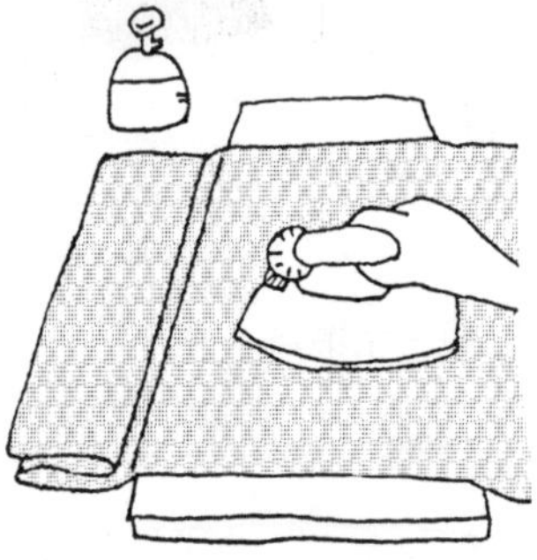

2. 燙過的屏風褶披好

・較複雜的刺繡桌巾，需將毛巾對折舖在上面再燙

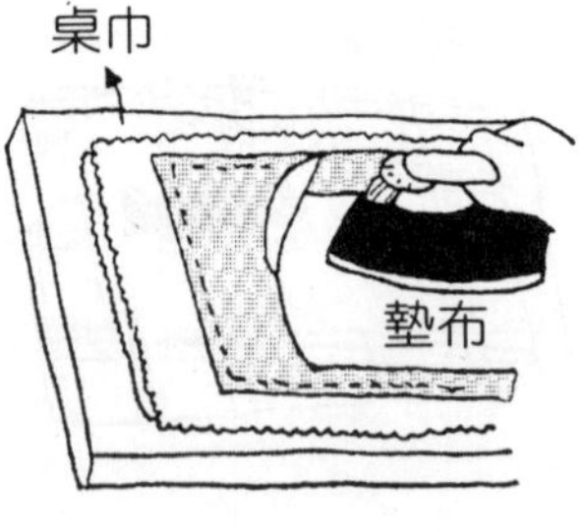

絲巾、領巾

領巾要輕輕地燙，不要燙扁了

・絲　巾

趁未完全乾時，攤開在燙衣架上燙。以高溫燙過以後，再一點點燙，不要燙得太扁。如果摺出皺紋，噴上水後，由背面燙。

・領　帶

先把打結部份的縐褶燙平，然後在領帶裡面加襯，熨斗在表面浮燙，直到整個筆挺。再將背面尖端部份用熨斗按一下。

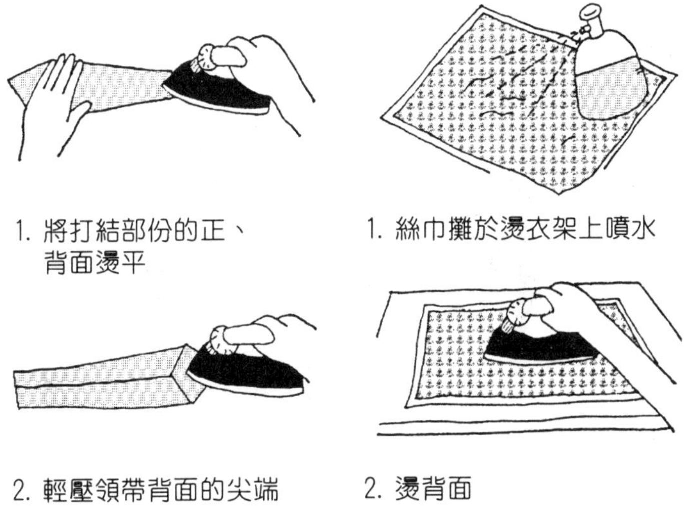

1. 絲巾攤於燙衣架上噴水
2. 燙背面
1. 將打結部份的正、背面燙平
2. 輕壓領帶背面的尖端

窗簾

嫘龍質料的窗簾易縮水需燙直

可以在家水洗的窗簾，多半不需燙，讓它自然晾乾即可。但聚酯纖維的窗簾就必須燙，像嫘龍洗後容易縮水，需邊燙邊拉平，燙前先噴濕再燙。

窗簾若有荷葉邊，燙法與女衫的荷葉邊相同，將熨斗尖端伸入接縫處，容易產生綹紋的地方，尚需以左手拉平。

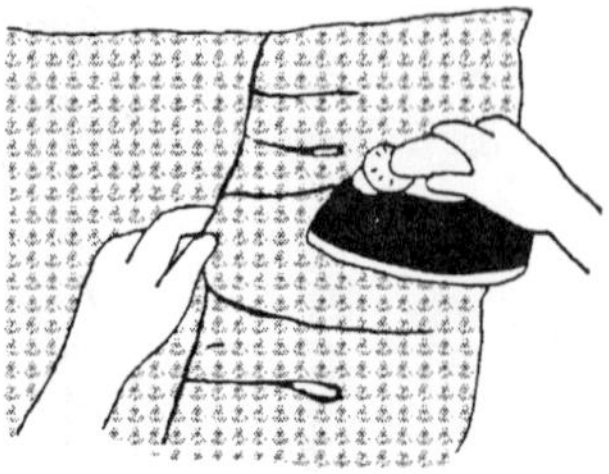

1. 將熨斗尖端伸入荷葉邊

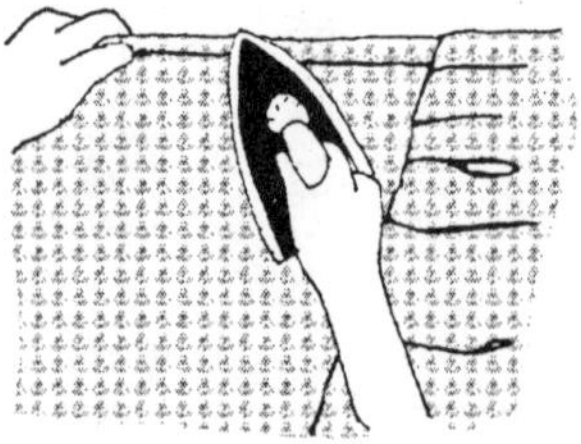

2. 先將背縫線處燙平，再燙其它

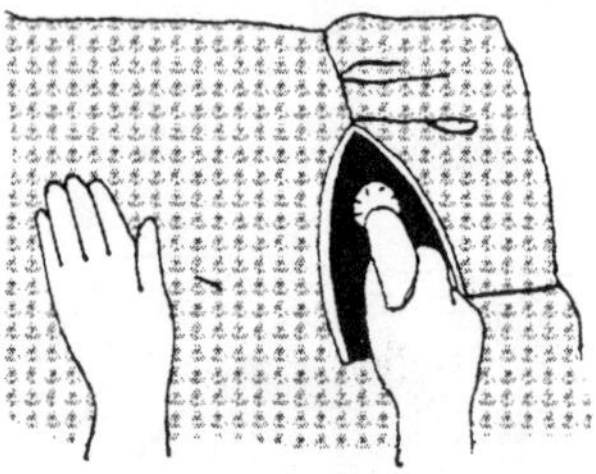

3. 接縫處需撐拉著燙

熨斗使用要訣

仔細看布料標示，選擇適當溫度

燙衣服之前需先看清上面標示，確定是那一類的纖維，才能決定溫度。混紡的質料要將就耐溫最低的纖維。一大堆衣服要燙時，先從耐溫低的先燙，熨斗需朝一個方向移動，不要後退。使用時力量加在熨斗後面，斗尖處力量輕。

先從簡單的地方燙起，再燙複雜的部份，左手同時配合著拉、撫、按等。

高	高溫（180～210℃）綿、麻等
中	中溫（140～160℃）絲、娟、毛、聚酯纖維、縲龍等
低	低溫（80～120℃）尼龍、丙稀酸纖維、醋酸鹽纖維等
高	下有波浪紋表示上需墊布
	不能燙

・朝同一方向燙

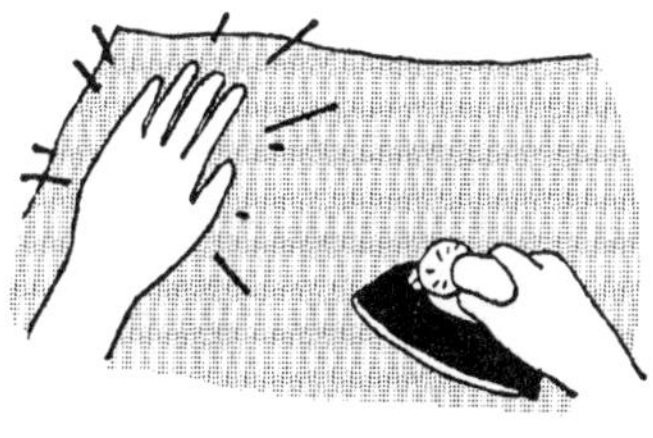

・充分活用左手

用具與用法

熨斗起碼要有二公斤的重量

二公斤以上的熨斗，燙起衣物來才好用。

衣服要燙得好，必須有燙架等輔佐。站立式的燙架，可以調節高度，使用十分方便。此外還有專門燙袖子的燙馬；燙圓形部份如裙子等的燙馬，有了這些工具燙起衣服就可收到事半功倍的效果。

噴霧器心心較貴些，購買時以金屬的唧筒為佳。

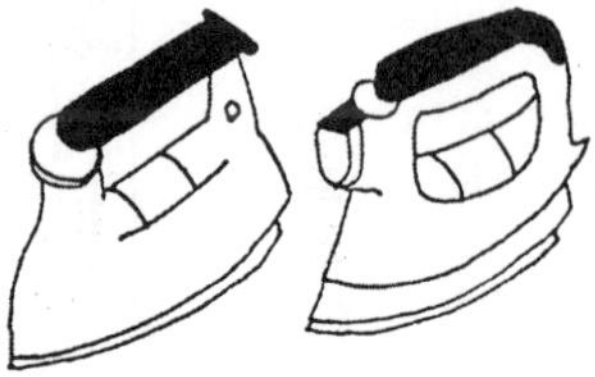

・二公斤以上的熨斗

・立架式燙衣架

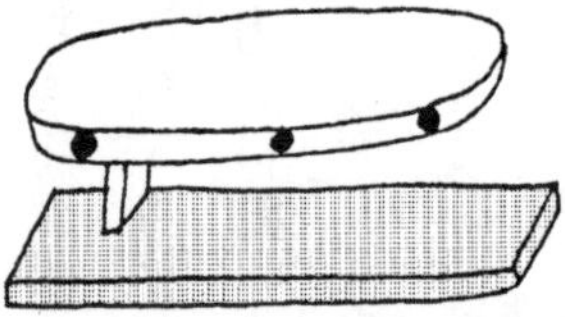

・燙馬可使衣袖燙得更自然

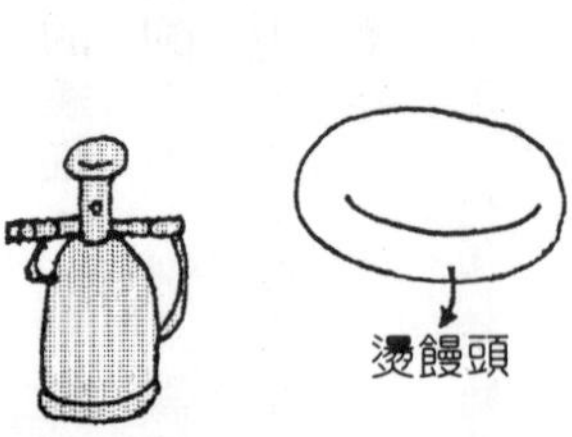

・唧筒式噴霧器

電熨斗的保養

蒸氣熨斗中剩餘的水需完全倒掉，平時善加保養可防止小故障

熨斗用完後，必須將裡面的水完全清除，拿布將底部擦乾。蒸氣的噴口部份也要常用針除去積垢。

熨斗產生故障時，如蒸氣無法噴出，或蒸氣的量太少時，先確定一下開關，刻度是否調好。

有漏水情形時，先關掉開關，等蒸氣燈熄後，再轉到蒸氣位置。或是檢查看水是不是太多。

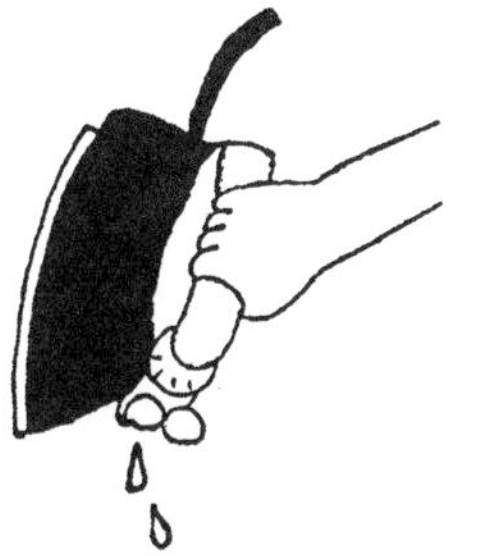

1. 將殘留水份甩乾

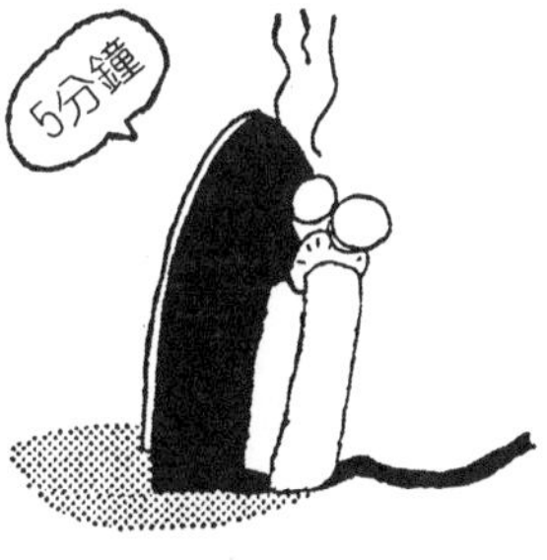

2. 開到高溫，讓內部乾燥

3. 立起來擦拭再收起來保管

第四章

去除污斑的方法

去除污斑的要訣

即使請人洗，自己也要有基本的知識

先用水拍　大部分的污漬，剛沾上立刻洗，大多能洗淨。如果放了很久不去處理，等到與空氣發生氧化，就不容易去除。沾上污漬切忌慌亂地用力擦，因為用力擦拭不但會使污漬擴大，而且容易傷害布料。

外出時弄髒了衣服，拿毛巾或手帕沾濕，在沾污的地方輕拍，並記得是被什麼東西弄髒，以便回家後能對症下藥。如果弄髒時馬上能用肥皂水處理，當然是再好不過的，但一定要將衣服上的肥皂水或清潔液徹底除去，回家後再仔細清淨。

沾了污漬要馬上處理，可是如果是很昂貴的衣服，或是連肥皂水也無法除去的，儘量送到洗衣店，而且別忘了告訴洗衣店你已經做過什麼處理了。

水和肥皂水是最基本的洗劑　去污的溶劑有很多種，最基本的是水和肥皂水，此外還有許多配合不同的污垢來使用，現在介紹如下：

a・水或肥皂水　去除咖啡、飲料、酒、啤酒、果汁等各種水溶性污斑。

b・揮發油、汽油、酒精　可去除口紅、粉底、沙拉醬等油性污斑。

c·小竹片或去污刷　衣服上沾有口香糖、泥巴等，可用小竹片或去污刷子挑掉。

d·化學藥劑去除像鐵銹類的污點。

以上的方法依不同需要，配合家裡的水或中性肥皂水、揮發油等一起使用。

沾上污垢，依上述不同的方式處理後，大多能去掉污斑。但像毛皮、絲絨、小羊皮等特殊的料子，一旦沾上污垢，最好一開始就請專家處理。一般的衣服，自己要是沒信心處理，最好也送給洗衣店洗。

污斑不要擦，用拍的

污斑不要用力刷　洗衣用的刷子有大刷、綿線刷、去油性、去水性等不同種類，在專賣店可以買到。在家裡可以用牙刷或指甲刷代替。若是用力過猛，除了會傷衣料外，也容易使污垢或清潔液滲到纖維其它部分，所以最好用拍打的方式。

輕汽油

用揮發油去污後，容易在四周留下一圈痕跡。一方面可能是洗過的部分比較乾淨，與較髒的地方形成對比；另一方面也可能是污斑沒有完全去除所留下的痕跡。

揮發油和輕汽油都是石油的溶劑，前者揮發快，後者較慢。像領子、化粧品等的污垢，可採用輕汽油，而且不會傷布料。但使用時要特別注意防火、通風。

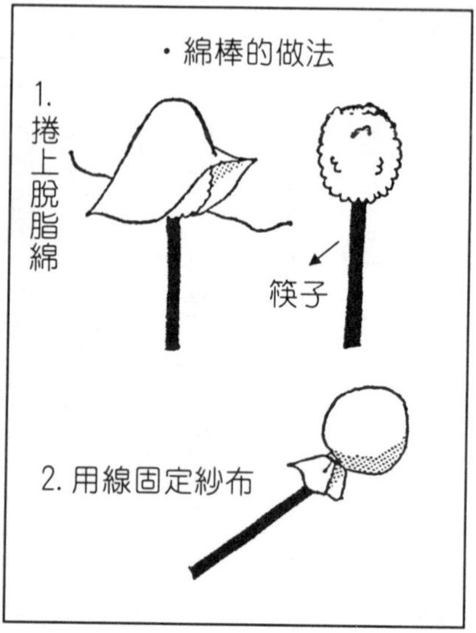

・綿棒的做法

把竹筷的尖端綁上脫脂綿花，包上紗布，用線固定，像這樣的綿棒可以多做幾根。用自己做的綿棒去污，不但不會傷衣料，而且經濟實惠。

謹慎地使用竹片　衣服沾上了口香糖的硬塊，必須用竹片挑去。此外像煤煙、印泥、泥土等也可使用。

除了竹片之外，還有塑膠或骨質的刀棒，但一般專門店多半不用塑膠製的，因為容易被洗衣溶劑所溶化。家庭中可用裁縫用的象牙刀代替。使用時稍微傾斜，順著布料的紋路，朝同一方向用力。

漿過的新毛巾勿用於去污　拿毛巾沾水拍打污垢時，不要用新毛巾，而且不要採用白色或淡色。因為新毛巾有漿會污染衣料，也不容易吸收，若用新毛巾，必須先洗過幾次。

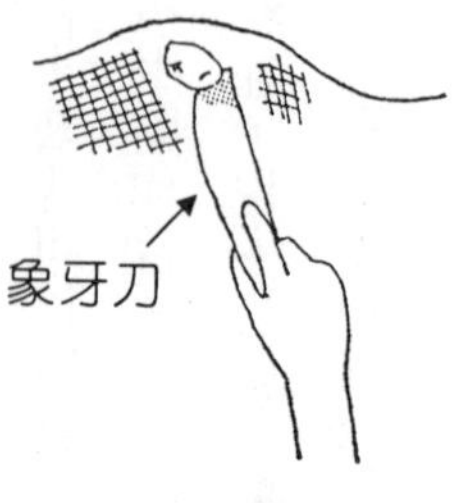

・象牙刀傾斜，沿布紋朝同一方向用力

噴上水就知道污斑的性質

水溶性的污垢以水或中性肥皂水去污

剛沾上的污垢如血液、食物等用水或肥皂水，可以馬上洗淨。但有些污垢不知道是沾上何物，這時稍微噴水，噴水後會溶化的，就是水溶性污垢。水溶性污垢可依下列方法去污：

①用含水綿棒，從污斑的背面輕拍，把污垢拍到墊在下面的毛巾上，若還有殘留痕跡，再用肥皂水以同樣方法處理。

②等髒的部分去掉後再噴水，並將衣料上的肥皂水用乾毛巾完全吸收，重複做幾次，務必將肥皂水完全除淨。

③依①②的方法仍不能完全除垢，表

・水溶性污漬去污法

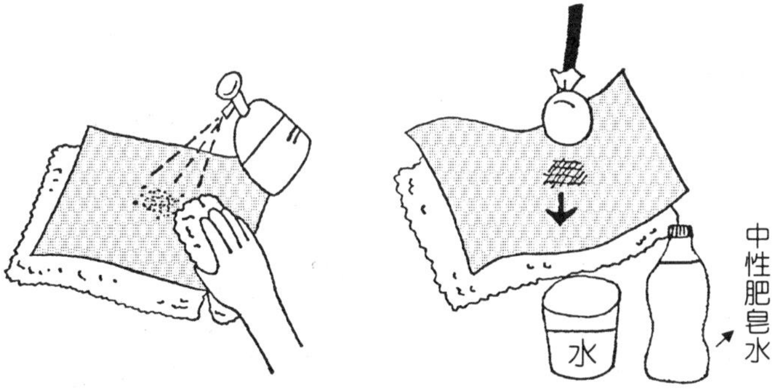

1. 用沾水或肥皂水的布，從污漬背面輕拍

2. 污漬除去後，噴水，用毛巾吸去殘留的肥皂水

示布料上有水無法溶解的物質，送到洗衣店時，洗衣店會依污垢的性質採用加酵素的漂白劑或去銹劑。這兩類藥品一般家庭很少使用，如果想自己試一試，不妨依下列順序：

酵素去污法　沾上墨汁時可用黃鶯的糞；沾上奶斑可用酵母粉。酵母粉等消化性酵素可到藥房買，買回後拿水溶化塗在污垢上，處理順序如下：

①先把污漬噴濕。

②脫脂綿沾酵素塗於污漬上。要保持攝氏四十～五十度的溫度約三十分鐘至八小時，這段時間，不能讓酵素乾掉，因為乾燥後污斑就沒法除去。可以用塑膠袋，保鮮膜或濕毛巾包起來，以維持濕潤。溫

・酵素除斑法

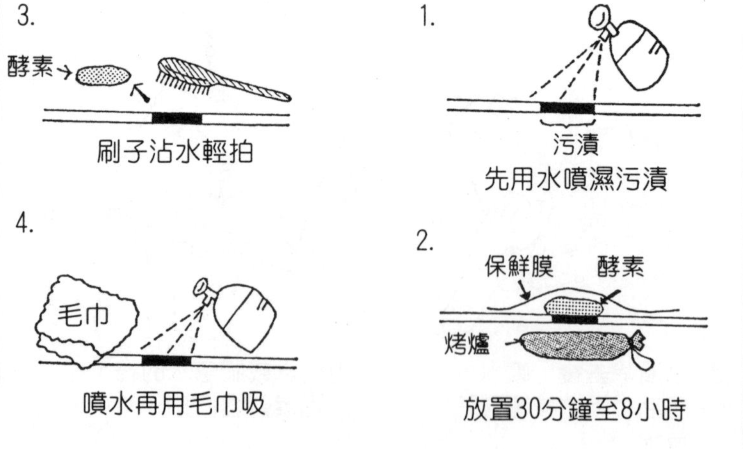
1.
污漬
先用水噴濕污漬
2.
保鮮膜
酵素
烤爐
放置30分鐘至8小時
3.
酵素
刷子沾水輕拍
4.
毛巾
噴水再用毛巾吸

度方面，用暖爐或電燈來保溫，大約一個小時以後，酵素才會開始發生作用。

③時間到後，污斑已產生變化，這時除去酵素。把刷子沾清潔劑在上面輕拍，除去布中殘餘的酵素。

④噴水，用乾的毛巾吸掉布上的肥皂水，重複做幾次，直到肥皂水完全洗淨。

用漂白劑去污　水和肥皂除不掉的斑痕，必須使用漂白劑。使用時選擇有效而且不傷布料的。一般家庭可用雙氧水或還原性漂白劑。

雙氧水去污法：

①先將污漬噴濕。

②雙氧水中加幾滴氨水，用刷子沾了塗在污漬處，放置幾分鐘。

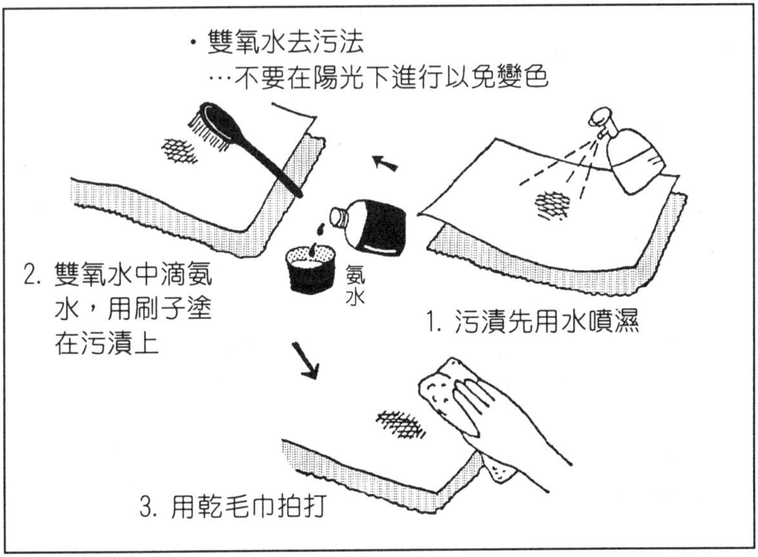
・雙氧水去污法
…不要在陽光下進行以免變色
1. 污漬先用水噴濕
氨水
2. 雙氧水中滴氨水，用刷子塗在污漬上
3. 用乾毛巾拍打

③噴水，用乾毛巾拍出藥的殘液。

雙氧水去污法，並不適合尼龍及化學纖維的料子，這類料子必須用還原性漂白劑。使用雙氧水時，不要在太陽下，否則布料容易變黃。

還原性漂白劑去污法：

①把一～二公克的還原性漂白劑，溶於一〇〇毫升的攝氏四十～五十度的水。

②污漬浸在①中，放置約三十分鐘。

油溶性污斑的處理　油溶性污斑可用揮發油、汽油、去光水，洗屋子的清潔液如魔術靈等來處理。但醋酸鹽纖維衣物不可用去光水，否則衣料會燒破，在洗前必須仔細看標示，並在不明顯的地方先試一下，才能放心使用。去油污的方法如下：

①將衣服翻面鋪在毛巾上。

②綿棒沾汽油等在污漬背面輕拍，使污漬滲入下面的毛巾。由外向內以畫圖的方式輕拍，可防止產生暈痕。

③除斑後要徹底吸除藥劑成份，以免變黃。

④經由①～③的方法，不能完全除去的污漬，則可能是水溶性的，再用前述水溶性除斑法做一次。

・還原性漂白劑
1g～2g / 100ml

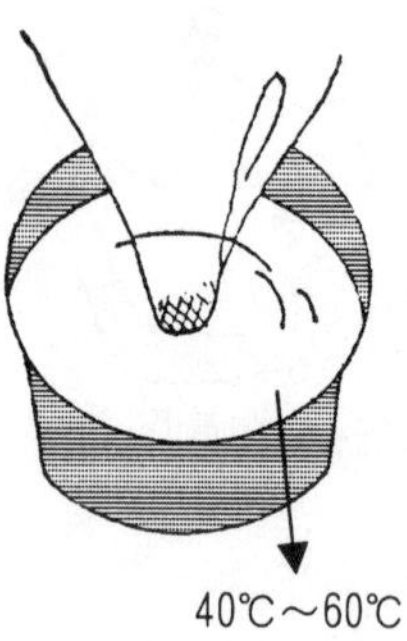

・將污漬放在裡面浸
30分鐘

巧妙去斑——不留殘暈

去污後不留殘暈的要訣　去污之前，先在污漬的四周拍打，以去除污垢、灰塵等，下面墊上毛巾，依前述要領將污漬朝下，再用不同的肥皂水或溶劑洗去污垢，要將殘留的溶劑處理完善，否則容易留下斑痕。

水性污漬用乾毛巾吸乾；油溶性污垢用揮發油、汽油等。最後掛起來、陰乾。

先在不明顯的地方試一試　有些布料容易受傷或褪色，如果有這層顧慮，先在不明顯的部分試洗一下，沒有問題再整個洗。

避免一起使用的布料和藥品

布　料	藥　品
醋酸纖維	醋酸溶液、松香油、冰醋酸、含氯漂白劑
羊毛、絲綢	含氯漂白劑、含氧漂白劑
尼龍、聚胺酯纖維	含氯漂白劑
聚氯乙稀纖維	去光水、松香油
丙稀酸纖維	去光水

不同污斑的去污方法

沾到食物先緊急處理

沾到食物時，用手帕或毛巾沾水扭乾拍洗，除了油垢之外，多半能輕易除去。若是沾上了油，先用化妝紙吸去油份。比較高級的外出服，可在外出前先噴上氟性防水劑，以防萬一。

醬油、調味汁　剛沾上時，立刻用布沾清水或溫水，在上面輕拍。若是舊斑，用肥皂水耐心地拍洗。白色的衣服像綿、嫘龍等，若仍留有淡淡痕跡，用含氯漂白劑漂白。羊毛的衣料用雙氧水。

酒　沾上高粱酒、啤酒、威士忌等，用綿花棒沾水，由內側拍打，然後拿毛巾吸去水分。若重複多次後，仍無法完全除淨，則以刷子沾肥皂水。好的料子不能用水時，可以揮發油代替酒。沾上了紅萄萄酒，可拿舊毛筆沾濃度高的酒，如高粱等，用毛筆根部輕拍，使污斑脫落。

・紅葡萄酒的污漬，用酒精濃度較高的酒除去

可樂　沾上時一樣先用清水處理。若有殘斑，再用肥皂水，仍有殘污時可再用雙氧水、酒精、檸檬等，依次試試。加熱、氨水或是鹼性肥皂水，反而使污斑不易去除，要避免。

茶、咖啡　這些飲料的主要成份是丹寧和咖啡因，有時會加上奶精和砂糖，加熱或使用鹼性肥皂水，反而洗不乾淨。應先用毛巾沾水輕拍，再用中性肥皂水或酒精等去污。若污斑已經氧化而不易洗除時，可用洗屋子的強力清潔劑，再用沾了酒精的刷子拍洗。白色的綿布必需用雙氧水或含氯漂白劑等耐心地洗，斑點會愈來愈淡。

咖哩　將洗潔劑調和使用，用牙刷沾了輕拍。有殘留色素或白色綿布衣物，選用含氯漂白劑，有色衣物用含氧漂白劑。若是絲綢、羊毛等清除較麻煩，宜送洗衣店洗。

牛奶　含蛋白質，不能用熱水洗。剛沾上時只要用清水，便可輕易洗去。留有殘斑可用汽油、揮發油去除脂肪，再用氨水拍洗。

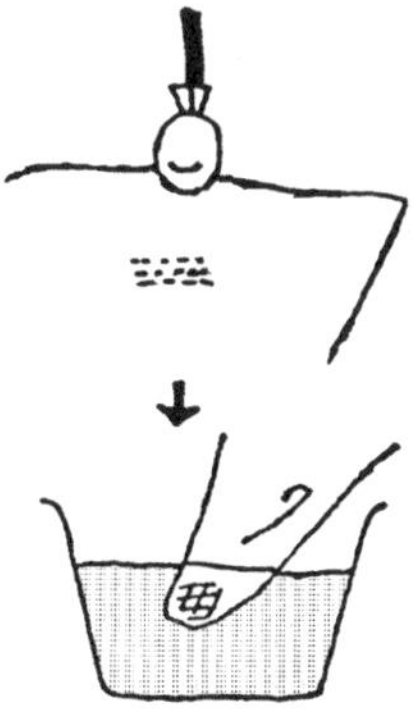

・沾上咖哩，先用肥皂水洗後再漂白

果　汁　桌布或衣服沾上天然果汁，先用乾毛巾吸掉色素。再沾酒精或是雙氧水，輕輕拍去。非天然果汁要用清潔液或雙氧水仔細洗除。舊斑若是綿布用含氯漂白劑，有色的布料用含氧漂白劑。

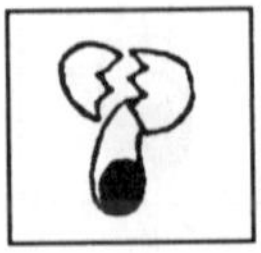

蛋　含有高量蛋白質，不能加熱。以氨水或肥皂水拍除。洗前可先泡在調了酵素洗衣粉的溫水中幾分鐘，會比較容易洗掉。蛋黃的污斑，先用揮發油去脂肪，再用清水和肥皂水洗淨。

奶油、植物油　沾上時先用化妝紙吸去油分。再以揮發油、汽油在上面輕拍，最後以肥皂水或溫水洗淨。

巧克力　綿棒沾肥皂水輕敲，有殘留色素時，若白色衣物用含氯漂白劑，有色衣物用含氧漂白劑。氧化後的老斑用綿棒沾揮發油拍去脂肪。

冰淇淋　先用化妝紙拭去，不要用力擦，要輕捏，才不會傷到衣料，或擴散到它處。在沾污的地方沾水和清潔液，若能滴幾滴氨水效果更好。

西　點　蛋糕、泡芙等含有脂肪，需先用揮發油洗除油脂，再用肥皂水洗。如果污斑很久了不易掉落，可在溫水中泡二～三分鐘，

等軟化後再洗，殘有色素的白色衣物需用含氯漂白劑漂白，有色的衣物，用布沾稀釋十倍的醋，反覆地拍打洗淨。

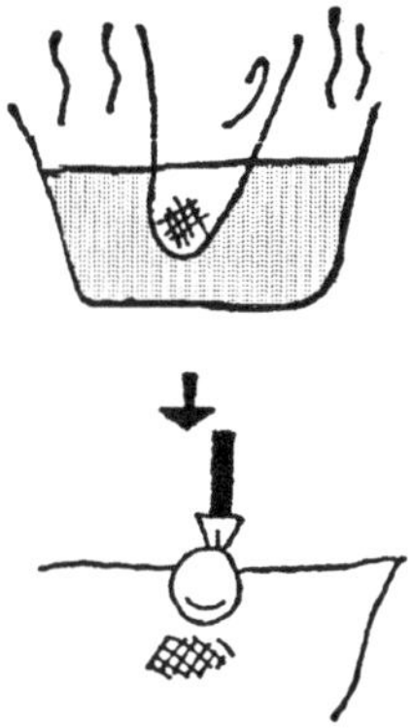

・沾上西點先用溫水泡後再拿刷子刷

口香糖　沾上了口香糖，若強行要拿掉，往往會傷到衣服。處理時先用冰塊敷上，等凝固後用竹片順著布紋小心地挑掉。如果還不能除去，可依下列步驟來做：

①將沾上口香糖的一面向下，放在舖好的布上。下面的墊布可用舊手帕、內衣等，也可用餐紙疊起來。

②用綿棒沾揮發油從背面敲打。

③直到口香糖掉落，黏到下面墊著的布上。如果上面還殘留糖份的痕跡，等揮發油乾了以後，再以綿棒沾清潔劑洗去。

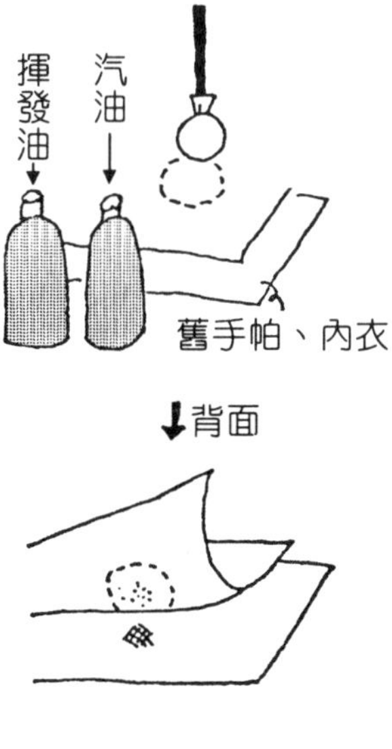

沾了化妝品，必需儘早處理

化妝品大多含有多量的油分和色素，不立刻處理，便容易破壞衣料。尤其是高級的外出服，每次穿完回來後，都要仔細地檢查。

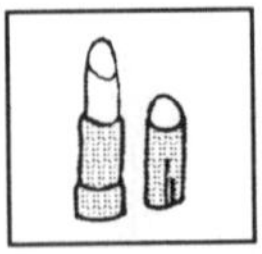

口　紅　先除去上面的油脂和蠟。可運用沾了揮發油的綿棒來做。其次要除去色素，先用肥皂水，效果不佳時再用雙氧水。若是絲綢類的衣料，可沾一點氨水。如果輕輕沾上而已，不妨用橡皮擦，或許可以除去。

腮　紅　先使用酒精拍洗，等酒精乾了後，再用肥皂水洗去色素。

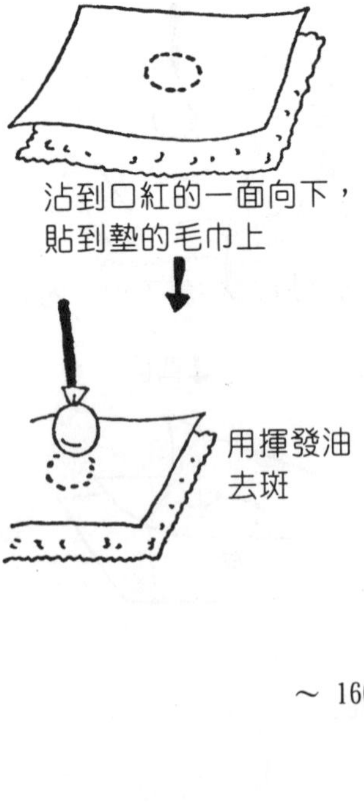
沾到口紅的一面向下，
貼到墊的毛巾上
用揮發油
去斑

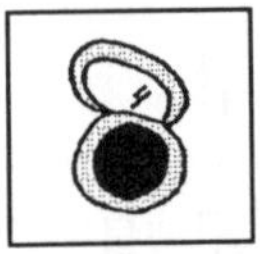

粉底霜　洗之前先拍一拍，把粉的部分拍掉。再依口紅的方法去污。

眼　影　可用揮發油除去，有殘跡時，仍用肥皂水洗。

燙髮液　沾了冷燙液，回來後立刻用沾肥皂水的布輕輕的拍打，直到完全除去。

冷燙液剛沾上時不容易發覺，久了就會浮出淡淡的褐色，即使送到洗衣店，也很難洗淨。所以剛沾上還沒轉成褐斑時，就要馬上去除。

香水、髮油　最好是能買到百分之百的酒精，如果沒辦法，用消毒酒精也可以。

先在污漬下敷上舊毛巾，用綿棒沾酒精，在污漬處拍打，直到污漬滲入舊毛巾中。再用正丙醇，依前述步驟輕拍，最後再用一次純酒精。晾於通風處陰乾。

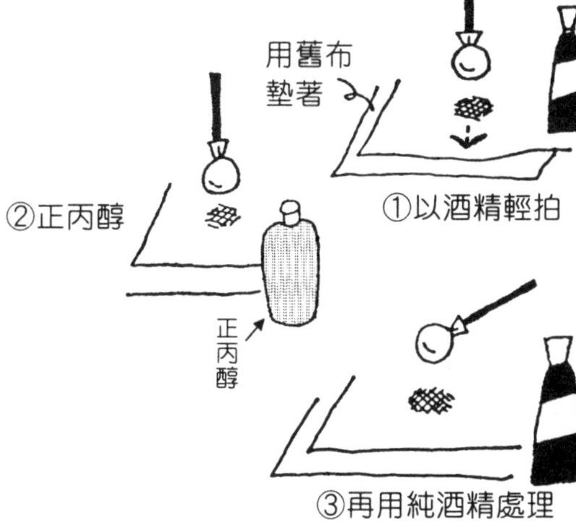

汗垢不能加熱

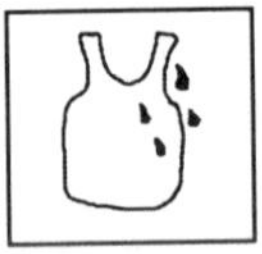

汗　斑　剛沾上的汗漬，只要用肥皂水便可輕易洗淨。夏天的女衫、洋裝等，雖然只穿一遍，也要洗過，否則衣服容易變黃。

絲綢的衣物，可加些氨水，更容易除汗。

舊汗衫很難洗淨，所以需要漂白，白色的綿、麻料，用含氯漂白水漂白。

衣領污垢　先以紗布沾揮發油、汽油輕拍，藉以除去油質。再拿竹片抹肥皂塗在上面，輕輕擦拭。肥皂殘留在衣服，容易變色、變黃，處理時務必徹底。

血　液　血液加熱後會凝固，反而洗不掉，所以，千萬不可用熱水洗。剛沾上的血跡，只要用清水，便可洗淨。或在攝氏四十度的溫水中，加入含酵素的肥皂粉，融化後將染血污的衣物在裡面泡，將更容易清洗。

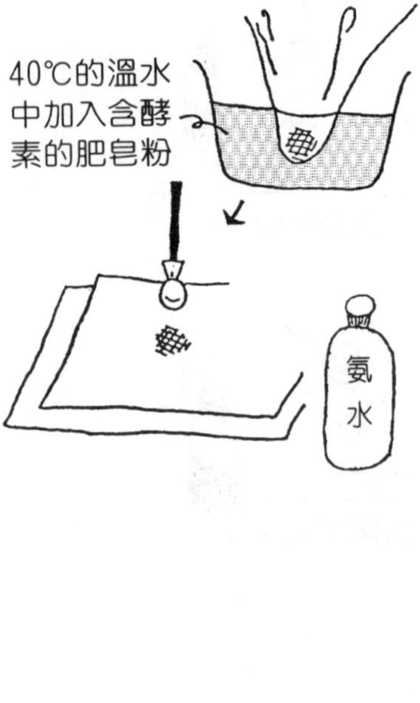

若仍有殘跡，可用綿棒沾氨水清潔。完全洗去藥劑成份以後，也可用漂白劑。漂白時，綿、麻、嫘龍等用含氯漂白劑；有花色的尼龍纖維，用含氧漂白劑。

膿　汁　受傷處發膿而沾到了衣服，可在四十度的溫水中加含酵素的肥皂粉，然後將污物泡在裡面。一般而言，經過如此處理後，多能輕易洗淨。沾到的部分很小，可用綿棒沾肥皂水拍打。若膿汁中含有血跡，可用氨水處理。

排泄物　先用清水沖洗一遍，等半乾時，再做進一步處理。在沾污的部分塗抹肥皂，拿刷子沾水輕刷，最後用漂白劑漂白。

無法用水洗的羊毛被褥，被小孩或寵物弄髒了，先用衛生紙吸去水分，再拿布沾肥皂水在污漬處擦，再用毛巾沾水扭乾後輕拍，然後置於通風處陰乾。

以衛生紙先吸乾水分，
再用肥皂水輕拍

沾上色素宜請專門店處理

色素一旦沾上，便很難洗去。所以，使用染料時要特別注意。

如果沾上墨水之類的顏料，自己無法洗掉，最好請洗衣店洗。

藍墨水　將衣服全泡在水中，沾上藍墨水的部分，用牙刷沾稀釋的漂白水塗抹，若仍有殘跡，再繼續泡漂白水，連續操作多次。

紅墨水　先用綿棒沾雙氧水，在污漬處拍洗。如果是絲綢或羊毛衣物，就比較麻煩。用肥皂水加氨水或十~二十%濃度的醋酸，以一比一的比例混合，然後在污漬處輕拍。

為了防止衣料變色，必須先在不明顯的地方試一試，若不褪色，方可使用。

彩色筆顏料　先用綿棒沾揮發油或汽油，將污漬拍到墊在下面的布或紙上。彩色筆的顏料含有合成樹脂，還需用去光水，才能完全洗淨。去光水有溶化醋酸纖維的作用，故醋酸纖維布料宜用洗衣粉。

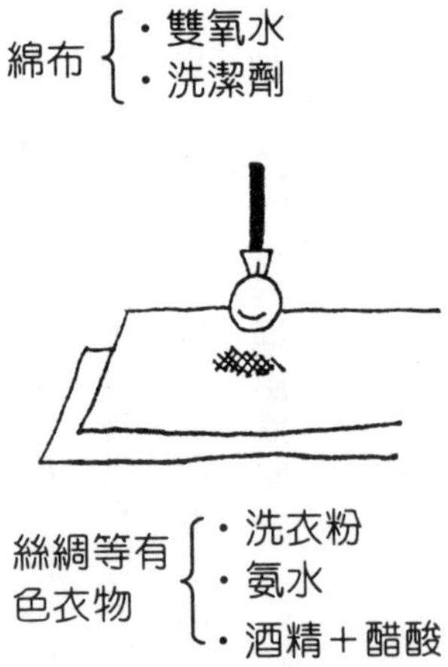

原子筆　用綿棒或布沾多量酒精，將污漬輕輕拍，使落於下面墊布上，殘留部分再用洗衣粉洗去。

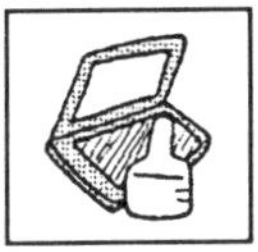

油　墨　不論水性或油性，去污方法相同。先用綿棒沾汽油或揮發油去除油溶性成份，殘餘部分再以肥皂水洗去。若仍留有斑痕，

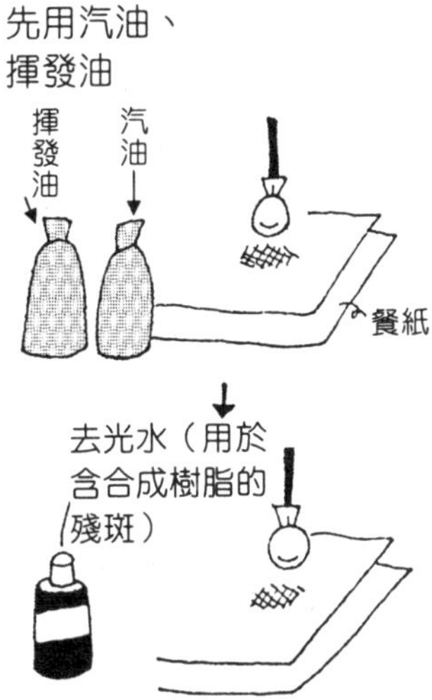

綿、麻料的白色衣物可用氯系漂白劑，有色衣料則用氧系漂白劑。

印　泥　以綿棒沾汽油或是揮發油去掉油性成份，殘留的色素，用綿棒沾酒精去除。

油　漆　水溶性油漆，按一般洗衣處理即可，若不能完全洗淨，再以清潔劑洗。油性油漆比較麻煩，剛沾上時可用汽油、揮發油洗去，但難以完全除去，最好請專家處理。

沾上清漆、噴漆及釉時，也同樣地處理方式。

蠟　筆　先以酒精、揮發油去除油脂成分。再用洗衣粉洗一次。受粉蠟筆、複寫紙污染的

衣物，也同樣地處理。

墨　汁　墨汁中含有許多碳粒子，這些碳粒子以骨膠凝固，故要去除滲入布紋中的碳粒子並不容易。若衣服沾上了墨汁，最好請洗衣店處理。

鞋　油　以揮發油或汽油除去油脂成份，再以肥皂粉洗淨。

白色的絲綢或羊毛若沾上了，如上處理過後仍有殘跡時很不雅觀，可用還原型漂白劑。

鉛　筆　在黑色鉛筆的痕跡部分噴水，塗上肥皂或肥皂粉，用竹片或刷子輕輕刮去，注意要順著布紋，以免傷到衣料。最後用清水洗淨。有色鉛筆的處理方式與蠟筆相同。

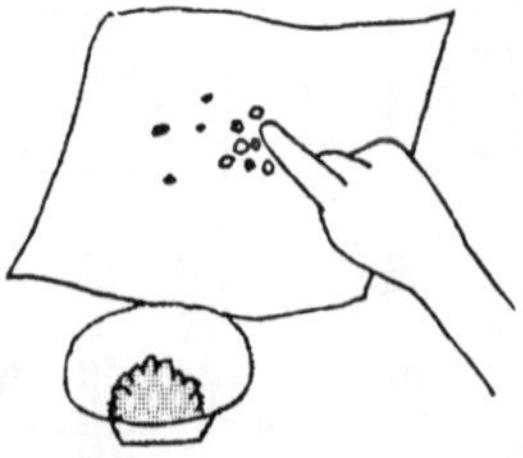

1. 首先塗上飯粒

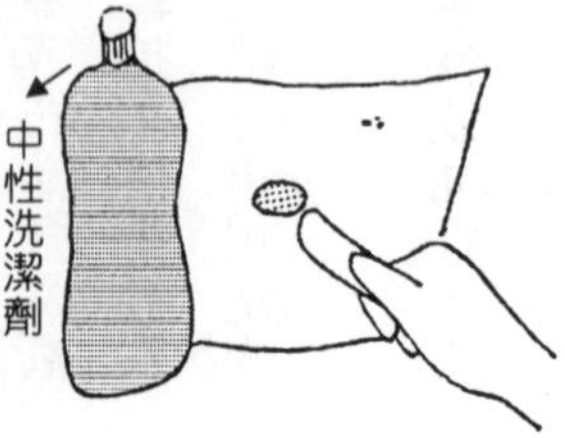

2. 沾上洗潔劑再用竹片刮洗

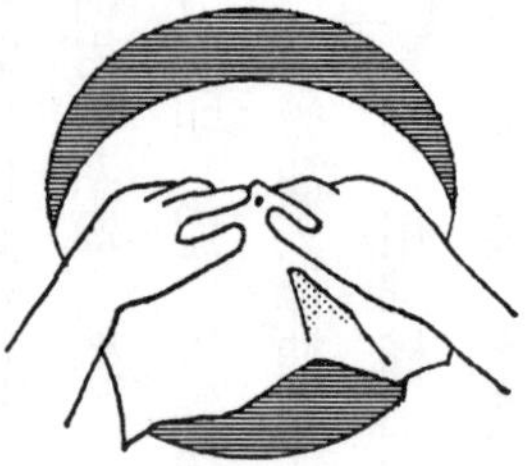

3. 沒有竹片就放在水中揉洗

亮片珠子的維護保養

不宜用揮發性的油類擦拭，中性清潔劑較能去除污垢

亮片珠子有玻璃製及苯乙烯製二種製品，而以玻璃製的亮片珠子最不易維護保養。處理亮片珠子時，不能用具有揮發性的油類擦拭，也不要送到洗衣店乾洗，因為乾洗會使亮片珠子失去光澤，苯乙烯製的珠子還可能會溶化，最好用中性的清洗劑輕輕擦拭即可。

因為亮片珠子大多是鑲在價值較貴的禮服上，所以，每次穿過禮服之後，就用乾布沾一些中性清潔劑擦拭，才不致使污垢殘留在衣服上。

塑膠亮片如果用揮發性的溶劑擦拭，不但會使亮片的顏色減退，還可能會染到衣服或使亮片顏色完全脫落。切記不能用乾洗，只要用水擦乾，放在通風的地方晾乾就行了。

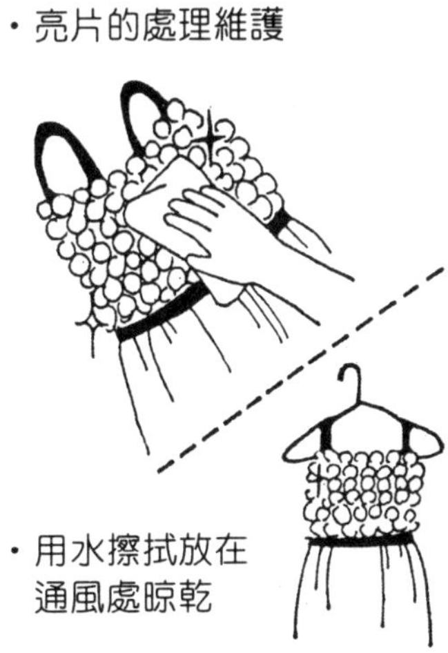

金屬拉鍊的保養

先拉上拉鍊再洗濯

任何質料的拉鍊，如果要放到洗衣機裡洗濯或烘乾機內烘乾，一定要先將拉鍊拉上。否則，不但容易造成咬合不正，也容易傷到其他衣服。釦子或掛鉤也是同樣的處理方式。

尼龍拉鍊較不耐熱，一七〇度以上就會受損，因此，使用烘乾機烘乾時的溫度要注意不要太高。

牛仔褲的拉鍊不要泡在水中太久，容易生銹，銹漬會染到衣服上。拉鍊拉不動時可以塗上一些蠟，就比較容易滑動。

夾克的釦子如果是按釦，在解開時不能只用一手用力扯，這樣容易傷到布料，一定要兩手均衡出力拆開才好。

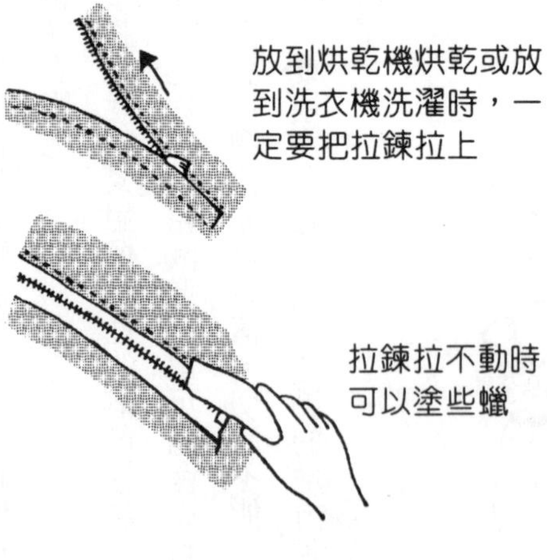
放到烘乾機烘乾或放到洗衣機洗濯時，一定要把拉鍊拉上
拉鍊拉不動時可以塗些蠟

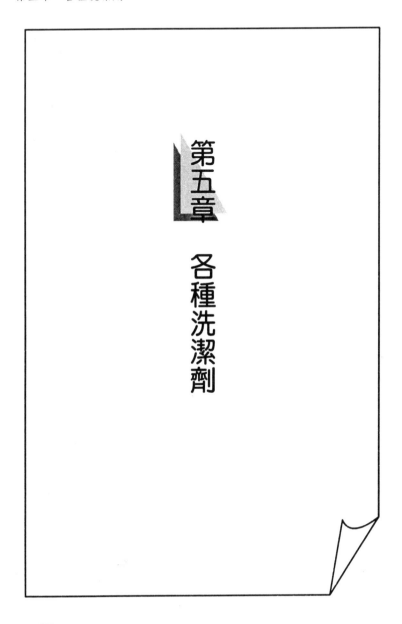

第五章　各種洗潔劑

洗潔劑

洗潔劑的悠久歷史

現在一談到洗衣，就會想到全自動的洗衣機和各式各樣的洗潔劑。至於古時候的洗衣問題，就不如現在便利了。

洗衣機的最初製造是一九三〇年，但是，直到一九四五年，洗衣機才走進每一個家庭。在此以前，洗衣機是非常昂貴的奢侈品而不是必要的家電用品，每個家庭大多還是用洗衣板、肥皂及手搓衣服的方式洗衣服。

但是，洗潔劑就不同了，洗潔劑有非常悠久的歷史。可回溯到西元前三千多年的巴比倫時代，當時是將羊脂和燒灰混合製成清潔劑。古代利用燒灰、皂筴籽、白小豆及茶籽混合而成，據說清潔力很強。

在一八七一年以前，肥皂是很貴重的物品，只有富貴人家或王公貴族才有能力購買，一般家庭仍用舊式方法洗潔衣物，後來肥皂工廠成立，肥皂才漸漸普及各個家庭，成為重要的清潔用品。

・從羊奶脂產生肥皂

肥皂歷史

肥皂雖然起源甚早，但是，中間經過了無數次的改良才能有今日的良好效果。最初的改良是一八三〇年由德國著手開始的，他們用蓖麻油和硫酸合成肥皂，效果相當不錯，廣受西歐各國的歡迎。主要原因是西歐各國用的水是硬水，水中含有多量的鈣、鎂等礦物質，以往的清潔肥皂一旦碰到硬水，清潔能力就降低，所以不容易洗淨衣服。

德國的改良肥皂正可彌補此缺點，因此推出後才會大受歡迎。

所謂合成洗潔劑，就是將許多種人造物質混合，製成有強力去污力的洗潔劑。

德國之所以會從事肥皂改良的工作，是由於第一次世界大戰之後，天然合成的洗潔劑數量太少，不敷需求，才會尋求由人造的物質中，製造出與原來肥皂相同或更強清潔能力的洗潔劑，人造的合成洗潔劑也就從此問世了。

往後又經過多次研究、實驗、試用，

・第一次世界大戰時，合成洗潔劑正式誕生

產生了比較高級的酒精性合成洗潔劑。

第二次世界大戰之後，美國也著手研究肥皂的改良方法，不但技術上有很大的發展，製造方法更是日新月異。數量上也是大量生產，使原來昂貴的奢侈品，成為家家必備的日常用品。

亞洲地區則是在一九五一年才出現合成洗潔劑。

不久，洗衣機也漸漸普及，而且生產量急速成長，一九六三年之後，洗衣機便取代了洗潔劑的地位，消費額遠超過洗潔劑。

去除污泥的過程

衣服沾到污泥的機會很多，污染的程度不盡相同，輕者可以用清水或普通洗潔劑洗淨，嚴重的就必須要藉助強力的去污劑來去除污垢。

想要洗淨衣服，就必須了解去除污泥的過程，了解後，再選擇適當的清潔劑，就可以徹底去除污泥。否則，光是用水沖

界面活性劑透入衣服纖維及污泥的交界縫中，分離污泥與纖維。

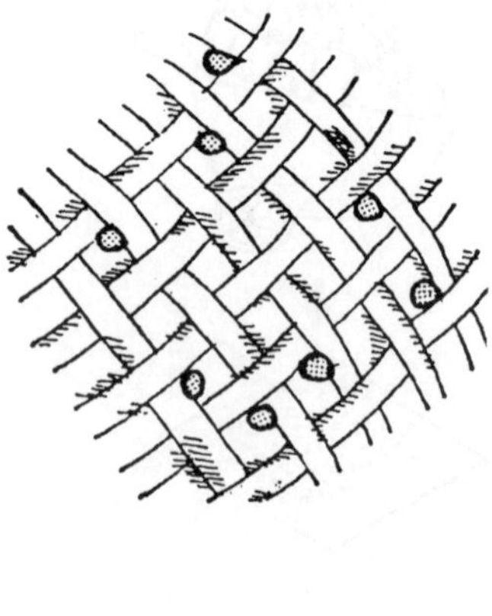

洗或用手揉搓，不但洗不乾淨，也易傷到衣料。

洗潔劑泡在水中溶解之後，水的表面張力會降低，於是清潔劑便很容易透入衣服的纖維中，將沾在衣服纖維上的污泥去除，使衣服再煥然一新。這種洗潔劑稱為界面活性劑。

所謂界面即是指衣服纖維與污垢二種物質的界面。

水和污泥的分解　界面活性劑有二種特質：一、是容易溶於水中，二、是容易溶在泥裡。

因為第一種特質，使界面活性劑能完全溶於水，發揮最有效的去污能力。而第

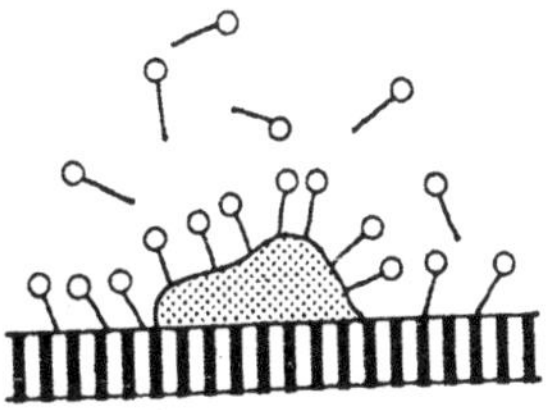

1. 界面活性劑沾上污泥

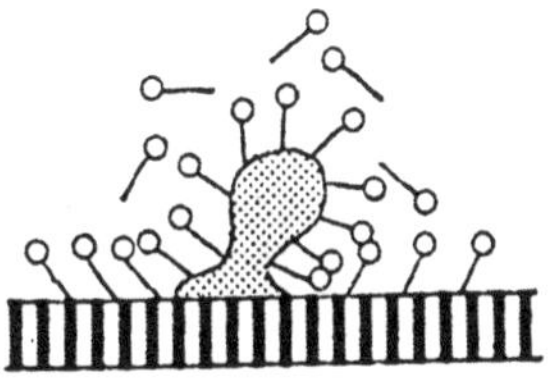

2. 界面活性劑包圍住污泥

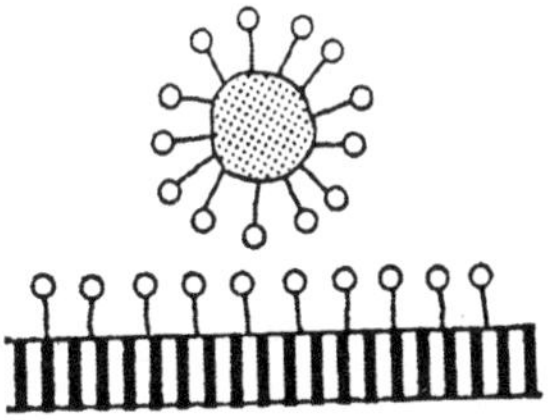

3. 分離污泥與纖維之後，形成一層保護膜圍著纖維

二種特質則使去污效果能完全達成。

界面活性劑溶於水之後，先破壞污泥與纖維的結合力，讓污泥自衣服的纖維上脫落掉入水中。同時在纖維外形成一層保護膜，防止污泥再沾到纖維上。

將此過程於一七九頁圖解說明，界面活性劑就如同蒲公英種籽般，圍在污泥四周，再將污泥帶離纖維，最後，只剩下活性劑保護著洗淨的纖維。

洗潔劑的主要成份

洗潔劑的種類琳琅滿目，應有盡有，各種用途的洗潔劑都是種類繁多，往往會令人無從選擇。

各種洗潔劑的洗濯效果大致雷同，但是想要洗淨衣物又不傷衣料，就必須慎重選擇比較好的洗潔劑，以免傷害衣物，也傷到玉手。

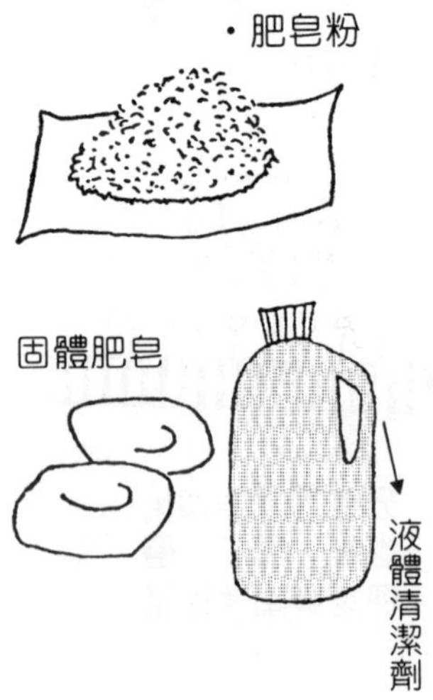

洗潔用品可分為肥皂及合成洗潔劑兩種，主要的區別在於「界面活性劑」含量的多寡而定。含量多的是合成洗潔劑，反

之就是肥皂。

除了均含有界面活性劑之外，還含有其他不同的組成物質，例如：肥皂尚有脂肪酸鹽，而合成洗潔劑的其他主要成分還有LAS、AES、AOS等十多種的化學物質組合而成。

光是靠界面活性劑去污是達不到很好的效果，必須以補助劑，雙管齊下才能達到預期的清潔效果。

補助劑有以下種類，並簡述其功用：

磷　酸　主要的功能在於使硬水變為軟水，此外還有去污力強，不容易與洗衣粉或洗潔劑結塊的優點。

但是，磷酸一旦隨著洗衣水流入河中或海裡，就成為浮游生物的最好養分，造成浮游生物的過量繁殖，河水因而混淆，成為水質污染的最主要問題。

鋁鈣酸　鋁鈣酸的去污效果沒有磷酸強，但是，鋁鈣酸最大的優點是不會造成水質污染。尤其許多先進國家對環境污染問題日漸重視，各種保護自然資源的方案一一實施，鈣鋁酸便逐漸替代磷酸，而被大眾所接受採用。

硫　酸　肥皂粉含硫酸的成分極高，硫酸對於提高界面活性劑的效用，有很大的幫助。

矽酸、炭酸　這兩種物質均要氫氧化鈉（強鹼性）才能提高去污力。

螢光劑　無強力去污作用，但是會附在衣服上，使洗淨的衣服看起來更潔白，更清潔。由於這是螢光劑的特點，所以，衣服如果是天然纖維製成的，就必須用無螢光劑洗潔劑，否則會使衣服失去原色。

洗潔劑的種類及特質

合成洗潔劑的種類繁多，可依粉狀及有無含磷酸三個特點來分門別類。

歸類結果是：含磷的液狀洗潔劑、無磷的粉狀合成洗潔劑、含磷的粉狀合成洗潔劑、無磷的液狀合成洗潔劑，另外加上酵素洗潔劑共五大種。

無磷的粉狀合成洗潔劑　剛上市時，對於特別骯髒的衣物，洗淨效果是不比含磷的合成洗潔劑好，但經多次研究改良，現在已具有相同效果了。

無磷的液狀合成洗潔劑　能夠將沾在衣物上的皮脂清除，特別是對化學纖維製成的衣服，效果更好。每次只要少許用量就可以將衣服洗得很乾淨，是非常經濟的洗潔劑。當洗到特別髒的部份，直接將此種洗潔劑塗上再洗，必能完全清除污垢。去污力強加上經濟實用，造成此種洗潔劑廣受大眾喜愛。

許多無磷的合成洗潔劑都新添加了酵素，以便提高洗潔劑的去污效果。酵素不是最近才發明出來的新人造物質，早在很久以前，酵素就廣為大家所使用，只是當時大家不知道是什麼物質罷了。

例如：以前的人將蘿蔔泥或鶯糞塗在沾有血跡或膿汁的衣物上再洗淨，血跡及膿汁就完全清除，主要原因即是蘿蔔泥及鴛糞都有酵素的成分，產生強力的去污作用。

最近，有一些更新的洗潔劑是酵素加上蛋白質合成的產品，因為髒衣服大部份含蛋白質比例很高，這種新產品正可以解決這個問題。

酵素的去污效果與水溫及浸泡時間有極大的關聯，水溫過高或過低，浸泡時間太長或不足，都會影響酵素的去污能力。一般而言，水溫四十～五十度，並浸泡一小時左右的效果最好。

近來，也有人研究出低溫的酵素洗潔劑，但尚未大量推廣。

含磷的粉狀合成洗潔劑　去污效果最好，但因會造成水質污染，逐漸被一般消費大眾所淘汰。僅存的含磷合成洗潔劑並不多。

肥皂絲　必須依指示上的適當濃度，並用熱水浸泡一段時間，才能達到預期的洗淨效果。使用肥皂絲的唯一缺點是耗水量太大，因為如果不用大量清水沖洗，肥皂渣易留在衣物上，時間一久就會發黃、發黑，甚至產生臭味。

另外，還有一個解決方法就是使用含氧系列的清洗劑，去除衣服發黃、發黑及產生臭味的問題。

弱鹼性洗潔劑與中性洗潔劑各種洗潔劑　都有其適用的用途，為了使洗潔劑能充分發揮效用，我們在選擇洗潔劑時，必須考慮清洗的衣服是屬於什麼質料、骯髒程度等問題，才能選擇到真正實用的洗潔劑。

通常是以衣服纖維來分，有適合綿、麻、合成纖維的洗潔劑（包括肥皂），也有適合毛、絲綢等質料的洗潔劑。

適合綿、麻、合成纖維的洗潔劑是含pH8～11的弱鹼性，適合毛、絲綢的洗潔劑是pH6～8的弱鹼。弱鹼性的洗潔劑對很髒的衣物或家居服，洗淨效果很好。

中性洗潔劑的能力比較差，但是，不容易破壞纖維的密合度，適合用來洗質料較好的衣服。

每種檢驗合格的洗潔劑都會有詳細的成分組合標示及使用說明，我們必須需依照指示使用，才能洗淨衣物又可保護衣物纖維不受傷害。

肥皂絲的洗濯方法

肥皂絲與合成洗潔劑的處理方法大致上相似。

洗濯前要先用熱水浸泡　洗濯前要將衣服和肥皂絲用熱水混合淨泡一段時間，才會去除污垢。如果肥皂絲尚未完全溶解就洗濯，洗淨力會減低，而且肥皂渣也容易殘留在衣服上。

肥皂絲要充分溶解才能使用　肥皂絲要完全溶解才能去除污垢。而且要用熱水浸泡，水溫愈高溶解愈快，洗淨力也會增強。

1. 洗衣前先用熱水浸泡

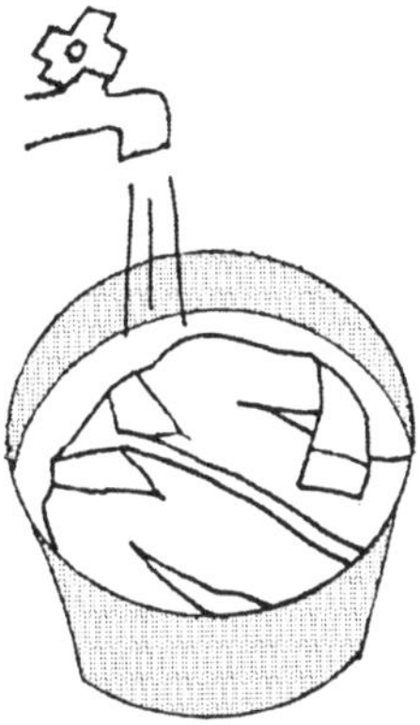

2. 用熱水將肥皂絲溶解

3. 清洗前先用脫水機脫離衣服上的肥皂渣

4. 掛在通風的地方吹風晾乾

洗衣店多用八十度的水溶解肥皂絲，一般家庭則多用三十度的水。

清洗前先脫水一次　衣物用肥皂絲溶液洗好之後，先用脫水機脫水一次，將肥皂水脫乾，再放入洗衣機清洗，這樣做一方面可節省清洗的水量，一方面可防止肥皂渣殘留在衣服上。清洗的時間也不必太長，每次幾分鐘，重複二次即可，以免衣服的質料受損。

清洗時用溫水處理　用溫水清洗衣物比用冷水效果還好，更能去除污垢，但水溫不要太高，免得燙傷手及使衣料受損。

三十公升的水配合⅔杯的肥皂絲

容量三十公升的洗衣機，每次洗衣物時，大約加入⅔杯（四十～五十公克）的肥皂絲，過量不但沒有好處，反而有害。這種比例清洗一公斤的衣物最恰當。

使用含氧系列的漂白劑漂白　衣服如果發黃、發黑，可以使用含氧系列的漂白劑漂白衣服。

掛在通風處晾乾　衣服洗好之後一定要掛在通風的地方吹風晾乾，否則半乾的衣服對皮膚不好。

洗好衣服之後，順便將洗衣機用清水沖洗一次，以免肥皂的渣殘留，使洗衣槽或脫水槽生銹。

漂白劑的使用方法

發黃、發黑的衣服可以用化學漂白劑漂白

有時候已很仔細地洗衣物，但衣服仍舊發黃、發黑。碰到這種問題，最令洗衣服的人煩惱。主要原因是由於衣服纖維的密合度不夠，稍不注意肥皂渣就會滲透到纖維裡，時間一久自然會發黃、發黑。

不過，有時是衣料本身的質料會產生變化，例如：尼龍及聚胺酯酸製的衣料，穿久了就自然地變黃、變黑。

如果是受到防熱、防縮及防縐等加工劑或燙斗熱度、過烈陽光曝曬，而造成衣服變黃、變黑，可以用化學漂白劑漂白，衣服就可煥然一新。

此外，漂白劑也有殺菌效果，內衣、尿布偶爾可以用漂白劑洗淨，藉此除去沾在衣料上的大腸菌等細菌，更合乎衛生。

漂白劑的種類很多，使用時要謹慎選擇，使用不當不但會傷衣料，也會使衣料顏色脫落。

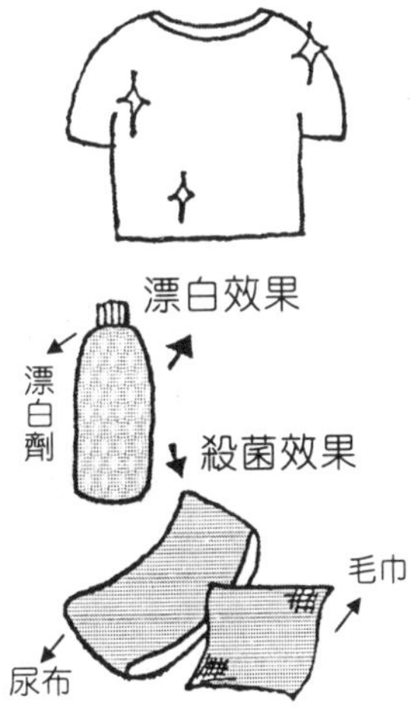

漂白劑可分為氧化型與還原型兩種。氧化型是利用氧分解沾在衣服纖維上的污垢。還原型恰好相反，是利用氧聚化纖維上的污垢，不過，兩者均可恢復衣服上的原有色彩。

氧化型漂白劑又分為含氧系列，及含氯系列兩種。

市面上常販賣的漂白劑有以下數種：次亞氯酸納（氧化型、含氯系列）、過炭酸鈉（氧化型、含氧系列）、亞二酸化硫尿酸（還原型）。

其特點及使用注意事項分述如下：

•次亞氯酸鈉

是一般家庭最常用的漂白劑。是液態洗潔劑，有刺鼻的臭味，去污力很強。但

使用含氯系列的漂白劑時要帶上手套

如果接觸到皮膚，會使皮膚受損，所以，使用次亞氯酸鈉漂白劑時，要先戴上手套，才不會傷害皮膚。

萬一不小心沾到，先用清水沖洗，再趕快找醫生治療。如果是小孩子誤食了，要想辦法先催吐，吐出後喝杯牛奶中和一下，再趕快送醫急救。

除了綿、麻、縲龍及聚亞胺酯製的有色花紋衣料外，聚脂丙烯酸纖維製及維尼龍製衣料，均非常適用此類漂白劑漂白。

合成樹脂製的衣料及衣服上有蕾絲，用螢光劑漂白，反而會發黃。如想要漂白必須先以內面試一試，或是看看衣服上的成分組成指示說明，再依指示去做。

漂白劑不能和酸性洗潔劑或洗淨劑混合使用，否則會產生毒氣，危害身體。

•過炭酸鈉

過炭酸鈉的藥性比較溫和，不太會傷衣料，除了羊毛的衣服之外，其他的衣服不論是否有顏色或花紋，甚至有蕾絲的衣服均可以使用過炭酸鈉漂白。

過炭酸鈉無臭味，也不會傷害皮膚，雖然漂白效力不強，但使用上較安全。

過炭酸鈉是粉狀的漂白劑，使用時先以四十度的溫水溶解，再放入衣服漂白，效果最好。如果水溫太高或用量過濃，都會引起反效果。

衣服如果本身會自然褪色，就不能和其他衣服一起漂白，否則染上其他衣服，要處理就不容易了。

•二酸化硫尿酸

也是粉狀的漂白劑，使用時需先用熱水溶解，水溫不限，只要不燙手即可。任何纖維的白色衣服均可適用，但不能適用有色或有花紋的衣服。特別適用以漂白羊毛與絲綢，或是因洗衣水含鐵質過多而使衣服變黃、變黑的情況，也可以適用。

•過氫水淨水

又稱雙氧水，適用於漂白有色、有花紋的衣服，沾上血跡的衣服也可以用。

柔軟劑的使用方法

使衣服恢復原來的輕軟並防止靜電的產生

有些衣服洗過多次後，纖維會逐漸變硬、變僵。這時就可以在洗衣水中加入少量的柔軟劑，使衣服再重新變得輕軟。

柔軟劑的主要成分是陽離子性界面活性劑。這種陽離子性界面活性劑分子會附著在衣服纖維上，減少纖維摩擦，抑制靜電的產生。防止灰塵、泥土等污物沾上，行走間裙子也才不會附著在腿上。

柔軟劑不能和合成洗潔劑併用，否則柔軟劑會失去效果。要先用合成洗潔劑洗淨之後，再加入柔軟劑使用。如果是用洗衣機洗衣服，可在洗淨後加入柔軟劑，再揉洗三分鐘，效果更佳。要想使衣服看起來硬挺好看的話，可將糊漿（PVAC）加入一起使用。

不要為求一時便利，或求好心切而放入過量的柔軟劑，這樣會降低衣料的吸水

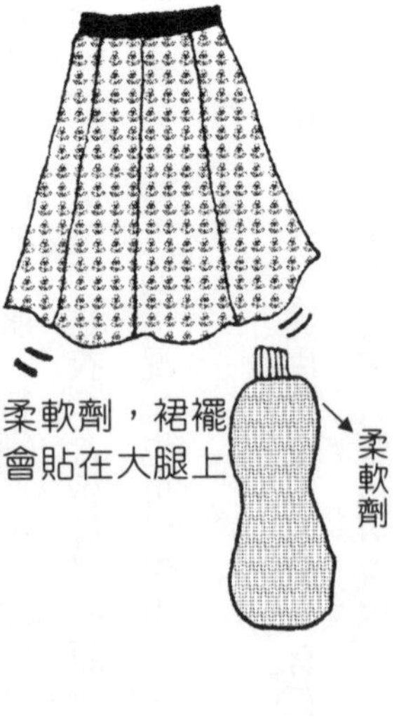

使用柔軟劑，裙襬就不會貼在大腿上

性。特別是尿布、毛巾等吸水性強衣物，更應該避免每次清洗都放柔軟劑，或是加入過量柔軟劑，而導致衣料受損。

最近，發明一種新型的噴式柔軟劑，可直接噴灑在衣服上，不但能柔軟衣料，也可以防止靜電的產生，例如：噴在裙子上，行走時裙襬就不會貼在大腿上了。

洗衣漿的使用方法

洗衣漿與洗潔劑分開使用效果更好

衣服如果漿得適當，不但有柔軟的感覺，而且布料也因而能得到適當的張力，看起來比較硬挺，會使舊衣服又如新衣服一般。

漿過的衣服較不易起毛球，也不易弄髒。即使髒了，因為灰塵、污物是沾在衣漿上，不是衣料本身，洗時很容易洗除污垢，不必太費勁。

近來化學纖維製品很多，需要使用洗衣漿的衣服愈來愈少，一般人也較少用洗衣漿，但是襯衫、褲子如果使用洗衣漿，衣服會更挺、更好看。

能做洗衣漿的材料很多，以前大多數是用剩飯泡水煮成澱粉糊漿，現在就不必這樣費事，各種洗衣漿推出，附近超級市場、雜貨店就可以買到，既方便又省事。

不過，重要的是學習如何正確地使用

洗衣漿，才能使衣服如新的一般。

洗衣機專用的洗衣漿，通常是一種白色的乳狀液體。可用在洗衣機洗濯時，加入少量攪拌。但是，如果是使用烘乾機烘乾衣服，就不能使用洗衣漿，以免灰塵、污物沾上後不易清除。

●澱粉糊

澱粉糊有粉狀、液狀及噴式三種，適用於各種衣物。例如：粉狀與液狀可用於洗濯浴袍、床單、枕頭套、椅墊等衣物。噴式則用於噴灑在襯衫的領子、袖口等部分。

漿過的衣物不但不易髒，而且看起來既挺又新，顏色較深的衣物不太適合用噴式洗衣漿，衣服容易留下白色的漿跡。漿過的衣物一定要曬乾，否則會因潮濕而發霉，這點千萬要注意。

●PVAC（聚醋酸乙烯脂）

ＰＶＡＣ與ＰＶＡ一樣都是白色乳液狀，適用於任何纖維製的白色衣物，漿過的衣物不但富彈性、有光澤，而且很方便於熨燙。

ＰＶＡＣ的唯一缺點是漿過一次後，很難洗除掉。幸而最近已有一種易洗落的ＰＶＡＣ製品產生。

●PVA（聚乙烯醇）

有粉末狀及白色乳液狀兩種產品，浸透性很強，對合成纖維製的成品也很容易溶化滲入。因為ＰＶＡ乾了之後不會在衣物上留下痕跡，所以有色或有花紋的衣服也適合使用。

不過，有些衣物漿過ＰＶＡ之後不能扭乾，只能直接拿起來拉直後晾乾。

•ＣＭＣ（羧基、甲基纖維素）

甲基纖維素就是紙漿做的化學纖維。有粉狀與液狀兩種產品。ＣＭＣ比較難溶於水，如果每次要使用才取少量溶解，非常不方便。因此，可以先溶解一固定的分量，裝入瓶中。每次使用時即可取少許，比較不麻煩。

ＣＭＣ的存放期間相當長，不會因存放稍久就發霉，使用者可以不必擔心。

ＣＭＣ比澱粉糊更容易去污，是四種洗衣漿中去污性最強，而且衣服也不會漿得過硬。

使用過洗衣漿的衣物，更具光澤與彈性，如新衣一般

但是，ＣＭＣ比ＰＶＡ與ＰＶＡＣ更容易結塊，不適合用於深色的衣物。

除漬劑

配合油漬的種類使用不同的除漬劑

除漬劑種類繁多，使用除漬劑時，需

先了解油漬的種類及形成原因，再選擇適合的除漬劑。

油漬形成的原因很多，分別是：吃東西沾到的菜汁漬、醬油漬及血漬、墨水漬等水溶性的漬跡。另外，還有領子、袖口的汗垢漬、口紅印、原子筆漬等油溶性漬跡。此外口香糖、泥巴及鐵銹的印都是屬於漬跡。各有不同的除漬劑可去除油漬。

食物漬與泥巴漬比較容易清除，沾到後趕快放到水裡泡上一段時間，再用水揉搓幾下，大體上就可以去除漬跡。如果漬跡積存太久，或非水溶性油漬，就必須用除漬劑清洗。去漬方法可參照前述的。接著介紹幾種主要的除漬劑：

中性洗劑　此除漬劑適用無螢光劑衣服，也可用廚房專用中性洗劑取代。使用

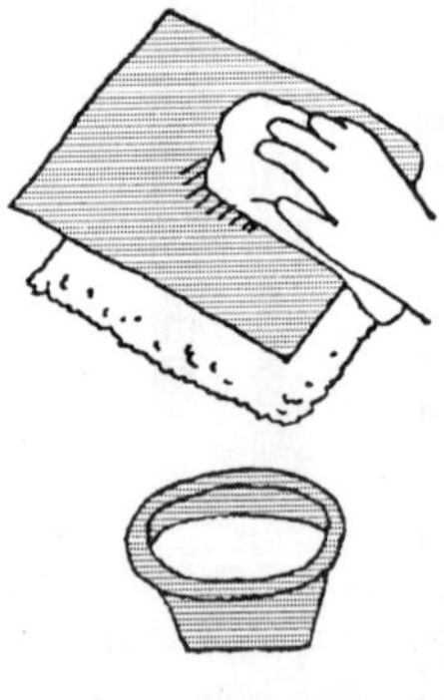

最初先用清水擦拭

這種洗劑不必擔心衣服褪色或衣料受損。

溶　劑　此種除漬劑適用於去除油溶性的油漬，例如：具有揮發性的油類或輕汽油等，都是相當良好的除漬劑。若油漬已滲透入纖維裡，就必須要用甘油，才能清除漬跡。

漂白劑　適用於清除不溶於水或油溶劑的漬跡。配合衣物的質料，選擇氯系或氧系的漂白劑。白布沾上鐵銹就用還原型漂白劑。

洗潔劑的種類與特質

<table>
<tr><th>種類</th><th>性質</th><th>形狀</th><th>螢光劑</th><th>酵素</th><th>主要製品</th><th>用途</th></tr>
<tr><td rowspan="6">合成洗潔劑</td><td rowspan="4">弱鹼性</td><td rowspan="2">粉末狀</td><td rowspan="3">配合</td><td>有</td><td>水晶八百、力霸、白蘭</td><td rowspan="3">木綿、麻、嫘龍、合成纖維</td></tr>
<tr><td>無</td><td>新奇洗衣粉、藍寶洗衣粉、象頭牌洗衣粉</td></tr>
<tr><td rowspan="2">液狀</td><td rowspan="2">有</td><td>穩潔洗潔劑、莊臣洗潔劑、毛寶洗潔劑</td></tr>
<tr><td rowspan="4">無配合</td><td>毛寶（不含螢光劑）洗潔劑、白蘭洗潔劑、新奇洗潔劑、新奇檸檬酵素洗潔劑</td><td>木綿（天然的）、毛、混紡纖維</td></tr>
<tr><td rowspan="2">中性</td><td>粉末狀</td><td rowspan="2">無</td><td>美寶洗潔劑</td><td rowspan="2">毛、絹、混紡纖維</td></tr>
<tr><td>液狀</td><td>藍寶洗潔劑、南僑洗潔劑</td></tr>
<tr><td>肥皂粉</td><td>弱鹼性</td><td>粉末狀</td><td>無</td><td>獅寶洗衣粉</td><td>木綿、麻、嫘龍、合成纖維</td></tr>
</table>

補助劑的種類與特質

	種　類		用　　途	形　狀
漂白劑	氧化型	含氯系列	綿、麻、合成樹脂製的白色布料	液　狀
		含氧系列	除了毛、絹類之外的布料。有色、有花紋的布料也適用	粉末狀
	還原型		任何纖維的白色衣料	粉末狀
洗衣漿	澱粉糊		綿、麻、合樹脂製的白色布料	粉末狀
				黏液狀
				噴　式
	CMC		綿、麻、合成樹脂的製的白色布料	粉末或黏液狀
	PVA		任何衣服纖維均適用	粉末狀
	PVAC		任何纖維均適用	乳液狀
柔軟劑	陽離子界面活性劑		任何纖維均適用	液　狀
				噴　式
				細絲狀

第六章

洗濯要訣及用具

洗濯前的準備工作

衣服標籤上的說明指示要十分注意

洗衣服前要先看清楚標籤上的說明。近來，衣服纖維的種類日益增多，各種合成纖維製的布料很多。

因此，洗衣服之前一定要先看清標籤上的說明，才能適用正確的洗潔劑，免得衣料受損。

由於標籤上的指示會詳細地說明衣服的洗濯方法、晾乾方法、擰乾方式及熨燙方式。照此說明去做就可避免選用不當的洗潔劑或不正確的方法洗濯，防止衣料褪色或纖維被高溫燙斗燙壞等事情發生。

將要洗的衣服先整理歸類　將要洗的衣物依種類別、纖維別與有色或白色等類別分類，並且要注意衣服骯髒的程度。儘量將同類又同等髒度的衣物整理成一堆，再分別洗濯。

通常依合成纖維製的白色衣料、綿製的白色衣料及有色較髒的衣服分成三堆。

分類好後，將有拉鍊的褲子、外套、夾克拉上拉鍊，別在衣服上的徽章也要拿下，以免刮破衣服。口袋也要掏看看，如有車票、錢等雜物要拿出。

同時要輕輕拍下衣服表面上的灰塵，這樣才能洗得更乾淨。沾到油漬、漆印的地方用紅線縫上標明，洗時要另外處理。

有色衣物洗濯前要確定會不會褪色

衣服洗濯前要選用適合衣服纖維的洗潔劑，這點非常重要。

綿、麻及植物性纖維製的衣料，對酸無法抗拒，但不怕鹼性。

麻、綿製衣料可使用弱鹼性洗潔劑，不會傷到衣服纖維。肥皂也是弱鹼性，同樣適合洗麻、綿及植物性纖維製的衣料。

毛、絲綢是動物性纖維與合成樹脂都比較怕酸，對鹼性較有收受性，適合使用弱鹼性洗潔劑或中性洗潔劑洗濯。

確定是否會褪色　雖然依照標籤上的指示選用洗潔劑，仍然要確定衣服是否會褪色，不能貿然使用，以免衣服顏色褪去而染上其他衣服。

有色的衣服，如：襯衫、女用上衣，第一次洗濯，要先試一試會不會褪色。可先在衣服下襬塗上少量洗潔劑，用手搓揉數下之後，用一塊白布包上，雙手稍微用

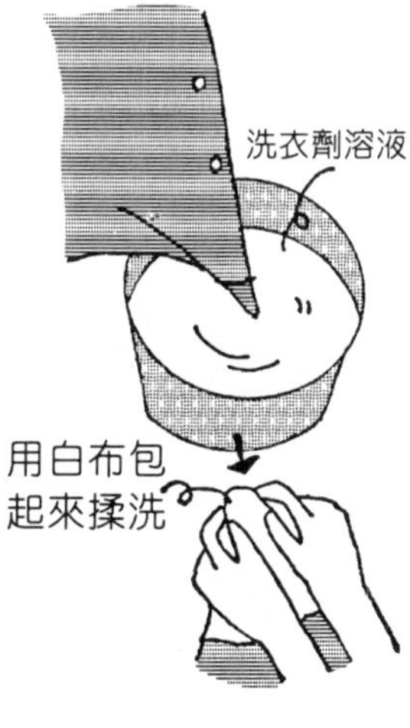
要確定衣服是不是會褪色

力壓一下，看看白布是否印上顏色。假如白布印上其他顏色，表示衣服會褪色，洗時就要與其他衣物分開，才不會染上其他衣服。反之，不會暈色就可以放心地和其他衣物一起洗。

通常第一次的洗濯，尤其是較好的衣服，如：絲上衣、純綿、純麻洋裝，用清水先沖洗，然後再加入洗潔劑洗第二次。

洗潔劑如有加入酵素　洗前要將洗潔劑先溶於水，再把要洗的衣物放入洗潔溶劑中預先泡上一段時間。這項步驟主要是要讓酵素能充分地滲透到衣服纖維與污垢之間，產生作用，包圍污物保護纖維，這樣洗時就不必太費力，即可以將衣物洗得很乾淨，收到事半功倍之效。

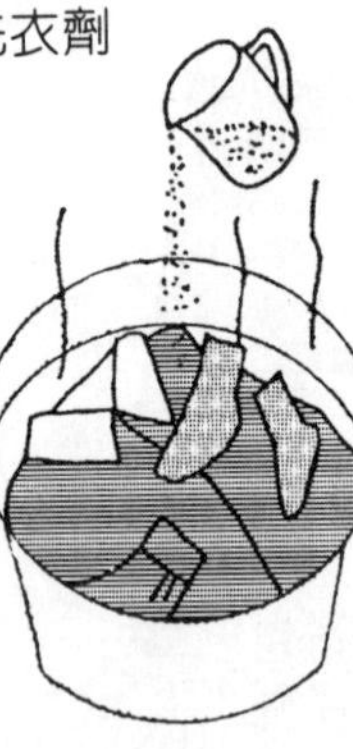

以40℃的溫水浸泡
40～50分鐘

只有加了酵素的洗衣劑才需要事前的預泡工作，其他的洗衣劑不需這道工作，如果預泡太久，反而會使污垢滲入纖維，更不容易洗乾淨。

襪子、袖子、領口等容易沾上泥巴、油漬及汗水。皮脂的部位，可在洗前先泡一下，時間不必太長，洗濯會比較好洗。

預浸的最佳水溫與時間是四十度左右，泡四十～五十分鐘最有效。

要留意螢光劑留下的斑痕　洗衣劑如果沒有充分溶解，很容易在衣服上留下斑痕，理由是洗衣劑中沒有溶解的粒子內含有螢光劑，會透入衣服纖維中，等衣服乾了，就留下一點一點的斑痕。直接將洗衣劑撒在衣服上，再揉洗，是最容易造成螢光劑斑痕的原因。

避免使衣服產生斑痕，要將洗衣劑先完全溶解，再泡入衣物洗濯。

洗衣機的使用法

要了解自己家中洗衣機的容量

雖然近來洗衣機的產品推陳出新，種類繁多，但並不是只要將衣物放入洗衣槽中，就能洗出令人滿意的衣服。仍然需要人為的處理才能洗好衣物。

要先學會如何操作洗衣機，才能有效率地使用洗衣機，洗出令人滿意的衣服。

先要了解洗衣機的最大洗衣容量　洗衣機的使用說明書上都會詳細記載洗衣機的最大洗衣容量。了解自己家中洗衣機最大洗衣容量之後，就不會有洗過量衣服的情形發生，衣服才會完全洗淨。

了解洗衣機的最適當洗衣容量 洗衣機的最大容量並不是最適當的容量。因為最大容量僅是表示在這個極限容量之下的量，洗衣機能負荷而且能洗淨衣服，但也可能因衣物的大小、厚薄等而造成衣服的糾結成團，而傷害了衣服。

最適當的洗衣容量不但能洗淨衣服，而且衣服也不易糾結成團，更不會傷及衣料。否則，衣服放太多，超過最適量，洗衣槽轉動不易，污物不易洗去。如果太少不及最適量，衣服容易脫線，而且使用上也不經濟。

使用的洗衣機，若水量是三十公升，洗衣物以一．一公斤最適當。但床單、被

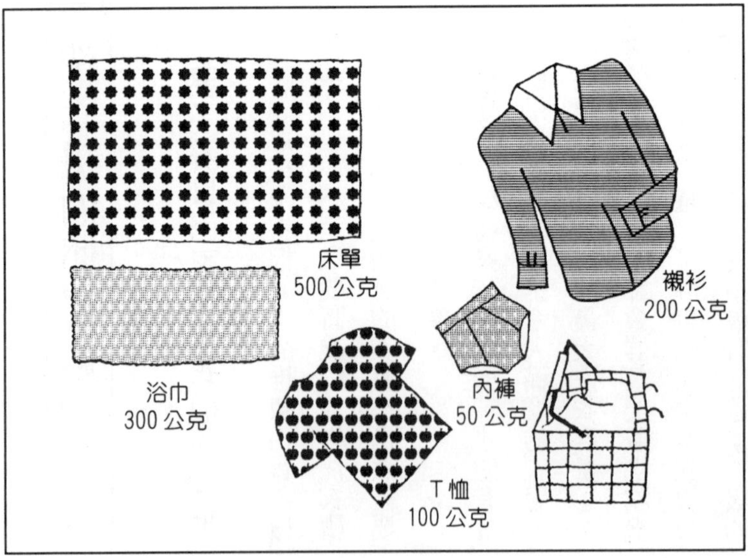

子等大型衣物就必須減少一些，才能洗清潔。

要使用最適量的洗衣劑　洗衣劑並不是用愈多，效果就愈好。有時候過量的洗衣劑反而洗不乾淨衣服，還可能傷害衣料及洗衣者的雙手。當然，量太少是必然洗不清潔的。

普通洗衣劑的容器上都有使用說明，上面會清楚記載使用的量。例如：以三十公升的水配合十五毫升的洗衣劑等標示。我們可依此再與家中洗衣機的容量換算，即可得洗衣劑的最適量。

洗衣的水溫也要留意　洗衣服的水溫也很重要，水溫恰好，洗的衣服就清潔，而且也不必太費力。反之，不但費勁，效果也不見得很好。

水溫不是愈高愈好，太高的溫度不但會使衣服褪掉色，也容易破壞衣服原有的質感。

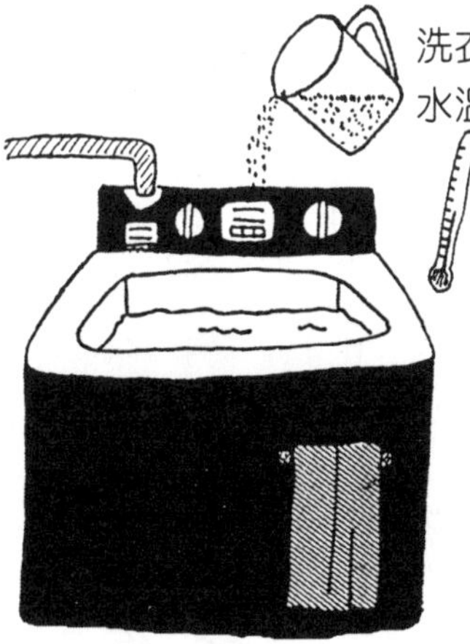

夏天洗衣服時，直接開水龍頭洗就可以，冬天可以用熱水洗。但水溫千萬不要太高，通常最理想的水溫以二十～二五度為最佳。

洗衣時間以五～六分鐘最佳

洗衣時間的調整　再髒的衣服洗濯時間也不要超過十分鐘以上，因為時間長並不一定洗得乾淨，反而會傷衣料。

洗濯時間以五～六分鐘最理想，如果衣服太髒，可延長二～三分鐘，但千萬不要超過十分鐘以上。

容易變型、縮水的毛、絹類製品及較華麗的衣服，以一～二分鐘的洗濯即可，太久易傷衣料。

沖水要力求乾淨　沖水是洗衣工作中最重要的步驟，一定要徹底。

沖水有二種方式：一種是在水籠頭下一邊沖水一邊揉洗；另一種是裝滿一盆水之後，再將衣服放入沖洗。

後者所用的方法比較普遍被採用，通常是先洗二～三分鐘後脫第一次水，而後再第二次清洗，再脫水，重複做到水不混濁即可，雖有少許泡沫，但並無關緊要。

脫水的重要性　綿製的衣服脫水一～二分鐘，麻、毛、合成纖維製品只需三十秒的脫水即可。聚脂、尼龍因容易縐，以十五秒脫水時間為佳。

脫水時間太長會使衣料起縐，也容易將衣服纖維的密合度拉鬆。

衣物要放到脫水槽時，小件的衣物放底下，大件的衣物放在上面，這樣脫水槽才會平衡，不致偏斜一邊，而弄壞脫水槽。

脫水時，小衣物在下，大衣物在上

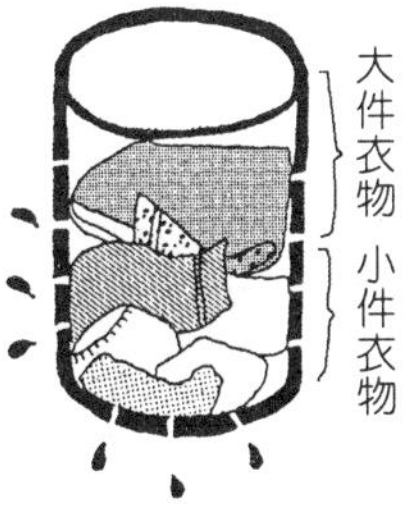

纖維分辨法

有時候，衣服的標籤掉了，我們無法正確知道衣服的成分組合，也無法知道處理的方式。這時只好以觸覺來辨別衣服的質料。

另外，還有一種方法，就是將衣料剪下一小塊，放到火上燒。

如有燃燒的焦味，就是毛或絹料。如果溶化了就是合成纖維。

用手揉洗衣服法

洗衣機不易洗掉的污垢只好用手揉洗

手洗衣物的要點　洗衣劑一定要等到完全溶解於水才能使用。洗潔液的水溫依衣料的不同而異，例如：絲、醋酸纖維適合的水溫是二十度，毛料適合的水溫則是三十度，其他衣料也是有其適合的溫度。

實在不容易洗除的污處，就用刷子輕輕刷數下，再用洗衣棒槌打幾下，就能較輕易地把污垢洗除。如果直接撒上洗衣粉或洗衣劑在骯髒的部位，雖然也能將污垢清洗乾淨，但也容易留下螢光劑的斑痕，應該避免使用這種方法洗衣。

用洗衣機洗衣服也要分別衣料的好、壞。質料普遍或較差的衣服，第一次先用洗衣劑洗潔，而後放入脫水槽脫去纖維間的肥皂，再第二次清洗，完後脫去水分即成。

但質料較好的衣服，不必用太多洗衣劑，甚至可以不用洗衣劑，只要用清水仔細而快速地沖洗二、三次，就可以掛起來晾乾，不必再脫水了。

以手洗衣服的方法　手洗方法很多，最常見的有下列幾種：

1. 搖洗：主要是洗滌較精緻的衣料。
2. 揉洗：洗綿、麻製的衣料。

1. **搖洗**　手抓住衣服的兩端，輕輕地在水中搖動幾下。絲綢及醋酸纖維製的衣物要用這種方法洗濯。

2. **揉洗**　用手輕輕揉搓。綿、麻製的衣料適合用這種方法洗。

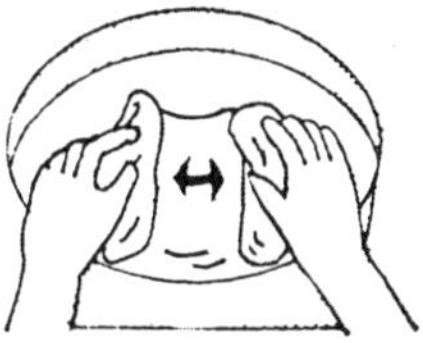

3. **抓洗**　用手指輕掐衣物數下，停二、三分鐘，再重複三、四次。毛料、合成纖維最適合用抓洗。

4. **壓洗**　雙手用力壓衣服數下，稍停之後再壓，反覆三、四次。壓洗法適用於毛衣、窗簾、床單等厚重的大衣物。

5. **腳踩洗**　把要洗的衣物放在一個大盆中，用雙腳踩踏。適合於被單、毯子、牛仔褲。

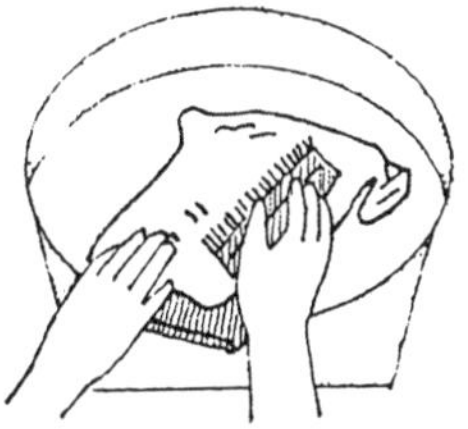

6. **刷洗**　用刷子輕輕刷洗，尤其是衣服上容易髒的部分最適合刷洗。

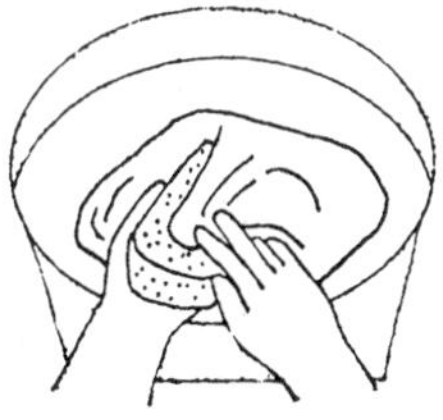

7. **海綿洗**　開襟毛衣或毛衣領子、袖口放在海綿上輕輕搓揉。

3.抓洗：洗毛織品或合成纖維。

4.壓洗：洗大件的衣物、如床單、被套。壓洗可用手壓或腳踏均可。

襯衫、上衣、毛衣、內衣等衣服纖維密合的衣服，泡了水也不會變大，所以用四公升的肥皂水浸泡、洗濯最合適。

手洗專用洗衣劑的泡法　手洗專用的洗衣劑，通常是以四公升水為標準，配合弱鹼性洗衣劑五·六克，或中性洗衣劑十cc。

一般衣物只需四公升的水量，洋裝就要八公升，大型的衣物，如：床單、毯子需要十二公升的水量才足夠。

晾乾衣服法

毛料、尼龍及有色衣物要陰乾

近年來紡織工業的發達，人造纖維紛紛取代了天然纖維。許多人造纖維都各有特性，例如：不怕酸、不會起縐褶等，因此，洗衣物一定要看成分組合指示表，才不會使用錯誤。

人造纖維品不要直接曝曬陽光，因為人纖製品大多不耐溫。綿質衣料直曬陽光也會變黃，其他料子如果含螢光劑也不能曝曬。

毛料、尼龍及有色、有花紋的衣要景

在背光的地方陰乾。

晾乾衣物的注意事項　洗好的衣物要晾起來以前，要先看標籤上的指示，看是曬乾還是陰乾，是用衣架掛起來晾，還是平放在板子上晾。

衣服晾起來以前要先整好型，縐褶的地方拉平，領口拍一拍去灰塵，再掛起來晾乾。有些衣料容易起縐褶，脫水之後反而更容易有縐褶如麻料，所以這種衣料洗好之後，不用脫水就直接晾起來。

有色或有花紋的衣服曬乾要翻面曬，防止褪色或花紋脫落。

冬天常是陰雨連綿，常常家中掛了許多半乾的衣服很不方便，如果能購買一台烘乾機，就可以用烘乾機烘乾衣服，要不然就送到洗衣店洗。

烘乾衣服時要注意溫度及時間，不要用太高的溫度烘乾，免得傷害衣料。也不要烘太久，以防衣服變脆。同時不要為求便利，衣服全部一次烘乾，會使烘乾機負荷過重損壞機件。也可使用室內晾衣架在室內晾乾衣服，只要安排適當，極小的空間也可以曬很多衣服。

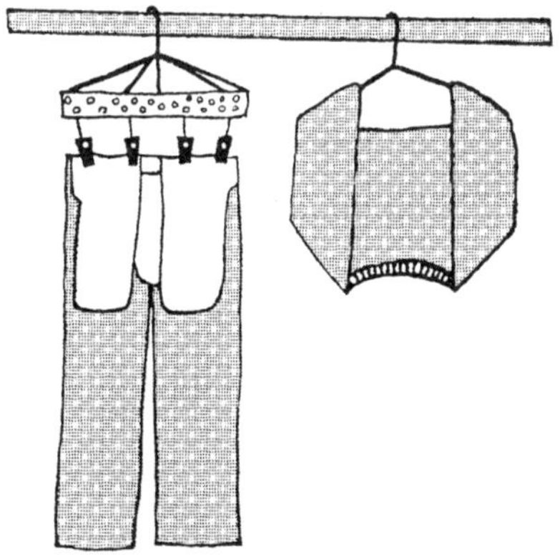

不變型或褪色的晾法

纖維的種類和洗濯法

纖維名稱	天然纖維				化學纖維		
	植物性纖維		動物性纖維		合成纖維		
	綿	麻	絲綢	毛	聚脂	丙烯酸	維尼龍
特質	纖維密合度大，吸水性、通氣性良好，易縮水、易縐。	纖維密合度大、通氣性良好、易縐，易褪色。	質地輕柔有光澤、易縐、不耐熱、不抗藥物及侵蝕。	富彈性、不易起縐、不耐熱、不抗藥物及蟲害。	質地柔軟，纖維密合度大，易乾、抗熱。	和毛料很相似，容易產生靜電。	纖維密合度大、吸汗性強、不易褪色。
主要製品	內衣、床單、被套、襯衫。	夏天的薄衫、手帕、領巾。	絲質襯衫、絲罩衫、絲巾。	毛衣、毛毯、冬天的內衣。	襯衫、毛衣、裙子。	毛衣、毛毯、內衣。	工作服、學生服、運動衫。
洗劑	弱鹼性		中性		弱鹼性		
漂白劑	白色衣物用含氯系列、有色衣物用含氧系列		不可使用		白色衣物用含氯系列、有色衣物用含氧系列		
晾乾方法	有色的衣物要陰乾		在背光處晾乾，不用扭乾	陰乾	有色的衣物要陰乾		
熨燙溫度	180°～200°C		130°～150°C		130°～150°C	110°～130°C	130°～150°C

（註）氧化型漂白劑（含氯系列、含氧系列）

化學纖維								
半合成纖維		再合成纖維	合成纖維					
混紡	醋酸料	嫘龍、人造絲	苯	聚氯乙烯	聚丙烯	Poly kraal	聚氨酯	尼龍
和絲綢很相似、有光澤、易褪色。	和絲綢相似、耐磨。	質感細緻、貼身、易乾、易褪色。	和絲綢很相似、吸汗性及耐久性良好。	抗藥物侵蝕、不耐熱、耐磨、易乾、不會縮水。	纖維密合度大、質地柔軟、水性強、、耐熱。	質地柔軟、吸汗性及保暖性良好、耐熱、抗藥物侵蝕。	質地輕柔富伸縮性、不能用水揉洗。	質地輕柔富有彈性、易乾、日曬會變黃。
領帶、圍巾。	女性上衣、絲巾。	內裡布、窗簾、襯衫。	旗袍料、禮服料、領帶。	毛毯、被子內套、內衣。	內衣、工作服、床單、襪子	內衣、窗簾。	內衣、襪子、泳衣。	絲襪、內衣、泳衣。
中性		弱鹼性						
不能使用	含氧系列	白色衣物用含氯系列，有色衣物用含氧系列				含氧系列		
有色衣服要陰乾	陰乾	有色衣服要陰乾						陰乾
110°～130°C		130°～150°C	110°～130°C	不詳	90°～110°C	110°～130°C	90°～110°C	110°～130°C

一年的洗濯衣物計劃

在季節變換之前先做好準備工作

一月	過年穿的新衣，分類好晾乾收存起來、質料好的衣服就送去洗衣店洗。
二月	雖然五月才會有小蟲在衣櫃出沒，但趁早清除衣櫃、整理衣服，放入驅藥丸，做好萬全準備，衣服就不會遭受蟲害。
三月	天氣漸漸暖和，冬天穿的較厚重大衣、毛衣送去洗衣店洗或是分批自己洗濯。
四月	春天已到，天氣暖和，春季的衣服可以拿出來，冬季的衣物除一些薄外套、薄毛衣還留著之外，其他洗好之後收入箱子或櫃子裡。
五月	逐漸梅雨季，陰雨霏霏，將梅雨季必備的風衣、雨衣先拿出清乾淨待用
六月	氣溫漸漸提高，梅雨季節也來臨，春天的衣服洗好，放入防潮劑後收存好。
七月	夏日炎炎，梅雨季已過，所有的衣服要拿出來讓陽光曝曬一下，除去衣服的濕氣。
八月	夏天天氣炎熱，每天都可以洗衣服，只要遵照標籤上的說明指示就可以了。
九月	整個夏天穿過的襯衫、T恤、裙子及長褲都要分類洗淨晾乾，再一一收到衣櫃裡。秋天的衣服可以先拿出來曬太陽，殺菌去霉再穿。
十月	初冬穿的衣服先拿出來清理好，天氣好的時候，掛出去曬曬陽光。
十一月	厚重的衣服從櫃子裡拿出來，先去除防蟲劑的味道，再讓陽光曝曬一下或用烘乾機烘乾衣服的濕氣，然後一一放好備用。
十二月	新年及耶誕節等重要節慶或聚會要穿的衣服，趁冬陽暖和時，趕緊拿出來曬一下，去除霉味、藥味，拍去沾到的灰塵，等到時日到即可穿著。

洗衣機

類　型

現在最普遍的三種洗衣機樣式是：雙槽洗衣機、半自動雙槽洗衣機、全自動單槽洗衣機。

全自動單槽洗衣機是清洗、脫水在同一槽處理，洗清、脫水一次完成，完全由電腦自動控制，不需要人力的支援。

半自動雙槽洗衣機，有清洗和脫水二槽，有的是洗衣槽自動清洗，有的是脫水槽自動脫水，不能完全自動控制，仍需要人力協助。

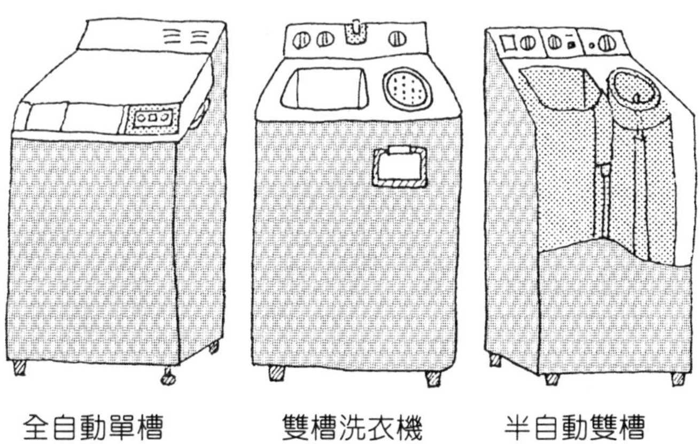

全自動單槽洗衣機　　雙槽洗衣機　　半自動雙槽洗衣機

雙槽洗衣機是清洗、脫水都要由人為控制，全部洗衣過程由人親手操作。現在最普遍使用的還是雙槽洗衣機。

現代的洗衣機

東方國家使用的洗衣機多是舊式的，既小型又不是自動的。洗衣槽的洗衣也是舊式的，槳葉小不能完全洗淨衣服，槳盤是旋轉式的，衣服經常糾結在一起。

歐美就不相同了，美國的洗衣機大都是電腦操作的全自動大型洗衣機，洗衣槳的槳葉，大槳盤也是攪拌旋轉式，不但衣服洗得乾淨，也不會纏在一塊，台灣的菲力浦洗衣機就是具有這些特點。

歐洲國家更進步到使用滾筒式的洗衣

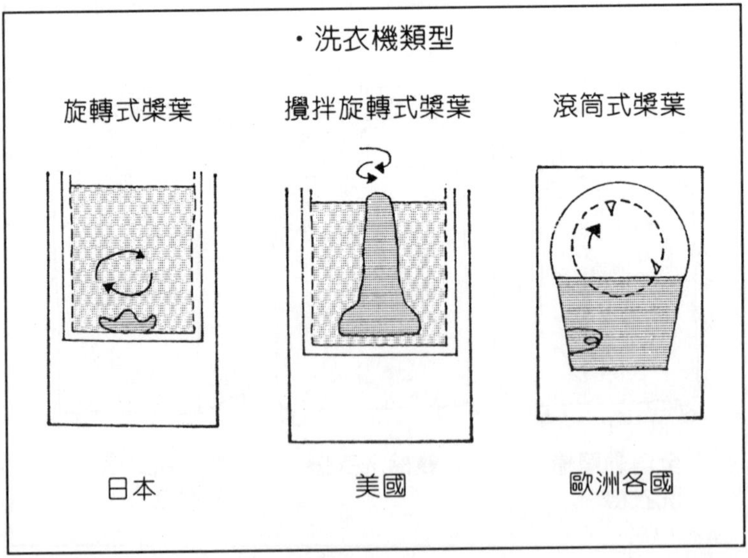

機，這種洗衣機洗淨力強而且不傷衣料。

不過，最近的洗衣機似乎有很大的技術改革，洗衣機型式愈來愈大，也逐漸採用電腦化全自動洗衣，只要輕輕一按鍵，洗衣機就能完全為我們做好洗衣的工作，使洗衣服不再是件辛苦的工作。

選擇洗衣機的方法

‧全自動單槽洗衣機

完全由電腦控制洗衣的時間、水量，不需要用手操作。最適合工作忙碌的職業婦女，且洗衣容量大，如果家中人口少，衣服可以二、三天洗一次。但是，這種洗衣機是全自動的，所以耗電量及耗水量都很大，對小家庭而言不算很經濟。

‧半自動雙槽洗衣機

洗衣與脫水不同槽，所以，兩項工作可以同時進行，優點是洗衣機的時間最短，耗電及耗水量都不大，較經濟。缺點是要將衣服由洗衣槽換到脫水槽，常會扯傷衣料。

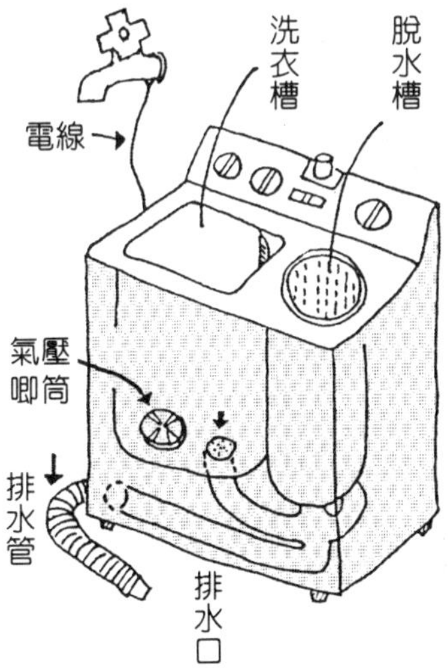

•雙槽洗衣機

洗衣、脫水完全由人力操作，經濟實惠是最大的優點，但是，既費時又費力。不過，由於價格低廉，一般小康家庭仍普遍使用。

洗衣機的保養方法與最適當的放置場所

•適當的場所

洗衣機不要放在陰暗潮濕的地方，機械零件容易受潮損壞。應該放置在通風良好、陽光充足的場所，洗衣機的使用年限才能增長。

很多人為了洗衣服方便而將洗衣機放在浴室內，這種做法很傷洗衣機的機件。

洗衣機要放在通風良好的地方

浴室不但潮濕，室內光線不充足，時間一久，洗衣機的機件會因受潮濕生銹而無法正常使用。

也不要放在廚房，因為洗衣機的灰塵、泡沫很容易就落在飲食器皿上，很不衛生。最好的放置場所是陽台，不但通風良好，光線也充足，機械的零件可長保乾燥不易生銹，使用年限就可增長。

•保養方法

洗衣機使用後，要先用洗潔劑將洗衣及脫水二槽洗乾淨，再打開蓋子通風吹乾。

洗衣機使用過後，洗衣槽和脫水槽常會留下衣服的污物，如果不洗掉，不但不合乎衛生，下次洗衣也不容易洗淨。刷洗洗衣、脫水二槽是用過洗衣機後的第一件重要工作。

我們可用次亞氯酸原液刷洗，再用清水沖乾淨，打開蓋子通風吹乾。

次亞氯酸原液不但可洗淨洗衣、脫水二槽的污垢，還有殺菌的效果。

用電線接通電源並裝設專用插座。若洗衣機會漏電，表示電線沒接好。

放置洗衣機時，需離背面及側面的牆壁各五公分，機座下最好能墊上一、二塊的磚頭，抬高機座和地面的距離。剪一小段水管接上水龍頭和洗衣機的出水口，才不至於水龍頭放水時水珠四濺，弄溼洗衣機。

洗衣機下可墊上竹簾、泡綿，避免馬達運作的聲音太大，影響安寧。

烘乾機

潮濕、通風不佳的地方應裝置除濕型烘乾機

近年來，最普遍使用的烘乾機是迴轉式的。很多家製造家電用品的廠商最近都推出洗衣、烘乾一次完成的組合，將洗衣機和烘乾機成組出售。烘乾機可分除濕型與排氣型兩種，兩者最大的不同是除去濕氣的處理方法不同，其餘功能大致相似。

除濕型烘乾機是將烘乾衣物時產生的水氣吸收、聚合，冷卻成水之後再排出，因此排氣型烘乾機最好放在室外，如果放

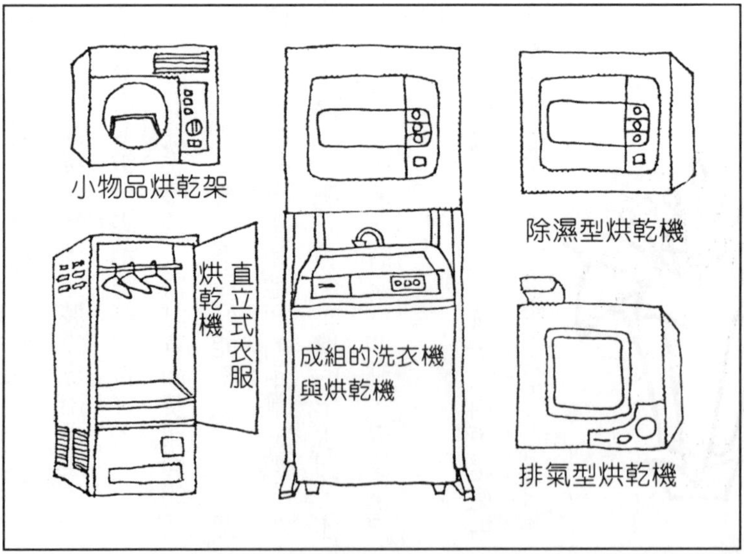

在室內，就要裝設排氣管，將烘乾機排出的水氣順著排氣管排到室外。

社區、大廈等排氣不好的地方，最適合使用除濕型烘乾機。

一次烘乾衣物的量是總容量的八成

使用烘乾機應注意的事項。

使用前　裝有衣物污垢殘渣的過濾網要先清除乾淨。

使用時　烘乾機四周的通風設備要良好，易燃物不要放置在烘乾機附近。

使用後　要將電源關閉，機內稍微清除一下。

有關衣服的注意事項　洗好要烘乾的衣服，不能成團放入烘乾，這樣不但不易烘乾衣物，也會傷害衣料及機件。要一件件分開摺整齊再放入烘乾，拉鍊要拉好、釦子要扣上。較好的衣服另外用一個籃子裝著，容易縐的衣服要先整好型再烘乾。

烘乾一次的衣服約為總容量的八成最理想。烘乾的時間因衣服種類和數量的不同而有差異。衣服烘乾到一半的時間時，先停一下，打開機門，看看衣服烘乾的情形，再決定還需要烘乾多久。

漿過的衣服不能烘乾，否則會傷害衣料。沒脫水的衣服也不能烘乾，以免水氣損壞烘乾機內的零件，減短烘乾機使用的壽命。有些料子烘乾了會縮或會溶化，要小心注意。

洗衣的小用具

洗衣服應備的小用具要齊全，缺少了就很不方便。

尼龍製牙刷、量杯、量匙都是最主要的洗衣小用具。尼龍牙刷是用來刷小部位的污垢，量杯、量匙是用來量洗衣劑、肥皂粉。這些用品在百貨公司、一般超級市場或五金行都可以買得到。

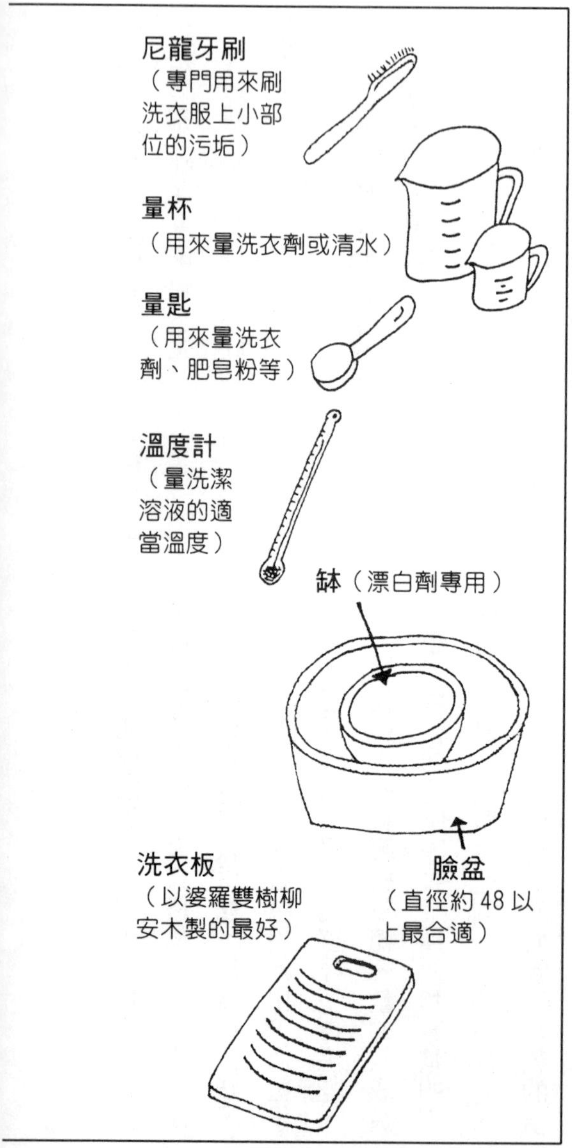

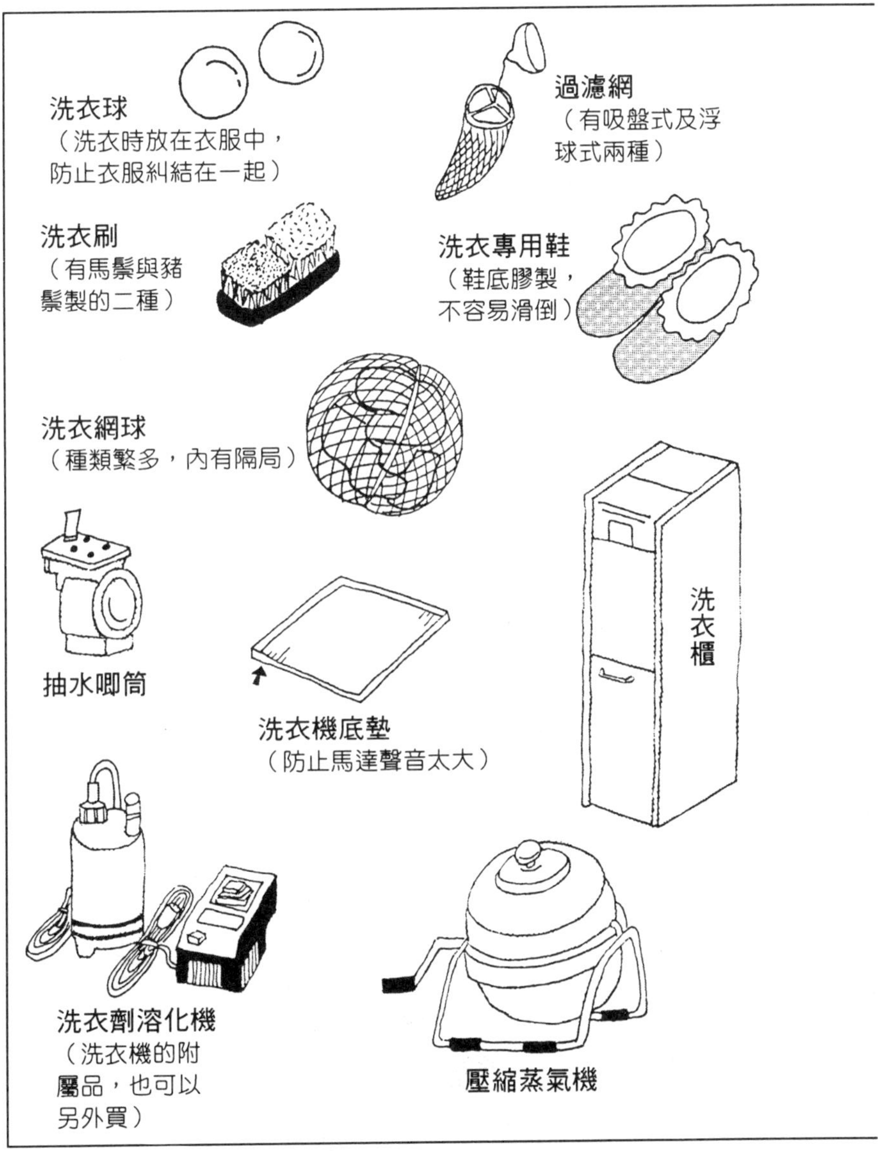
洗衣球
（洗衣時放在衣服中，
防止衣服糾結在一起）
過濾網
（有吸盤式及浮
球式兩種）
洗衣刷
（有馬鬃與豬
鬃製的二種）
洗衣專用鞋
（鞋底膠製，
不容易滑倒）
洗衣網球
（種類繁多，內有隔局）
洗衣櫃
抽水唧筒
洗衣機底墊
（防止馬達聲音太大）
洗衣劑溶化機
（洗衣機的附
屬品，也可以
另外買）
壓縮蒸氣機

晾衣服的小用具

因住的地方及房子結構和家人的組成分子不同，晾衣服的小器具也不盡相同。

社區的住戶或大廈的住家，衣服晾乾的機會比較差，正好可以運用這些小器具增加晾衣效果。

竹竿固定夾
（套在竹竿兩端，
防止竹竿掉落）

竹竿套
（先套上竹竿在
澆上熱水，成為
竹竿的外膜）

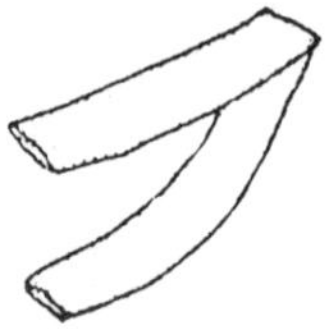

固定衣架
（最適合用在
風大的時候，
不會被風吹落
到地面）

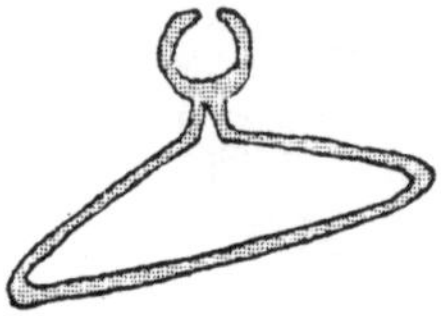

晾衣掛鉤
S型或T型
（沒有竹竿時
可以採用）

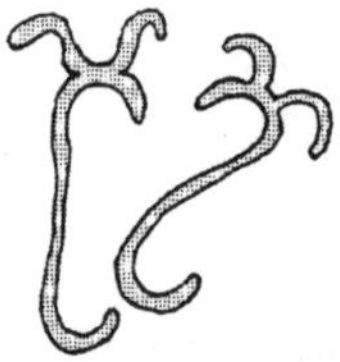

衣掛子
（可做180°的旋轉，
室內晾衣的必需品）

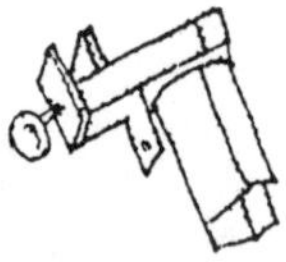

迷你晾衣繩
（旅行適用）

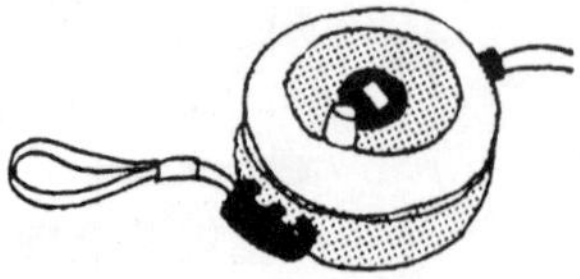

晒襪夾
（可晒襪子、手帕、小毛巾，室內用，不傷衣料）

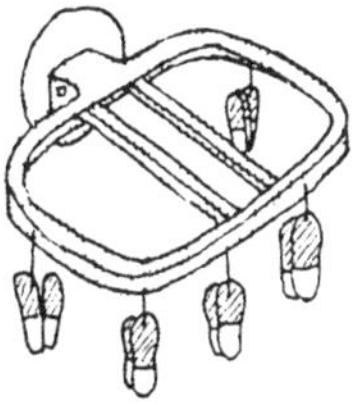

自動伸縮衣架
（拉出會有四條晒衣繩）

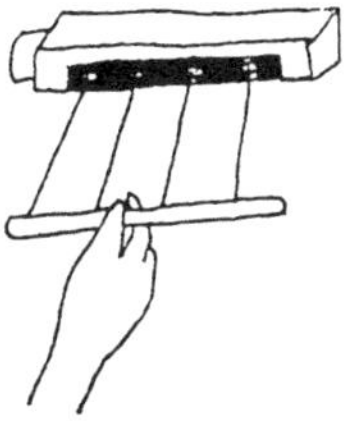

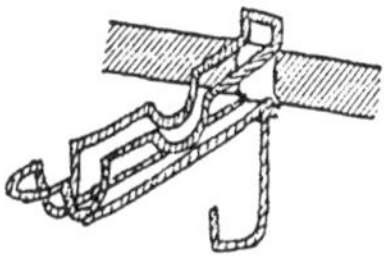

竹竿架
（用起子固定在陽台牆上）

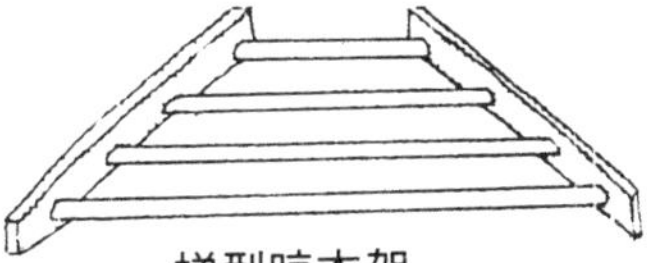

梯型晾衣架
（可吊掛衣服也能將衣服放在上面）

風車型晾衣架
（風一吹就會自動旋轉，衣服容易晾乾）

折疊式陽台晾衣架
（可晾衣服、被子、床單，不用時也折疊起來收存好）

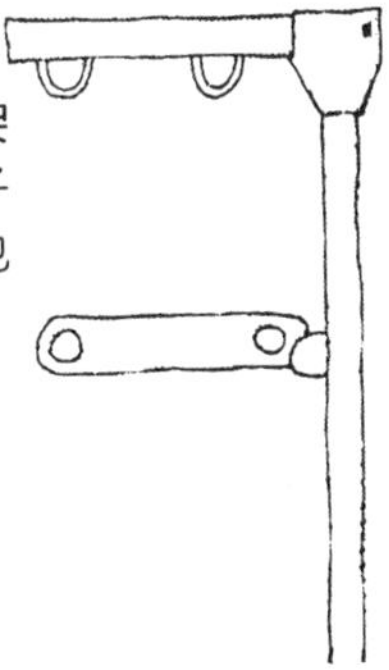

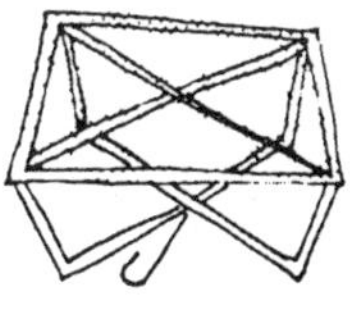

平晒衣架
（晾毛衣專用，任何地方均可以使用）

晒衣棒
（可以插在牆上固定）

電熨斗的種類

蒸氣熨斗有集中噴水及分散噴水二種類型

電熨斗有蒸氣熨斗及普通熨斗兩種。蒸氣熨斗又因噴水的方式不同可分集中噴水式及分散噴水式二種熨斗。

集中噴水式的熨斗是底部只有一個噴水口，分散噴水式則是有很多的噴水口，有規則的排列在熨斗的底部。只是噴水的方式不同，噴出的水量還是一樣。

購買熨斗時要選擇有 Thermostat（自動溫度調節器），衣服燙起來才會硬挺有型。例如：燙的衣服如果濕氣太重，熨斗的溫度會降低，有自動調溫器的熨斗就會自動把溫度提高，維持在六百W的電力以上，衣服就可以燙得又挺又有光澤。

燙衣服的用具不必一一具備，但是電熨斗卻必需普通熨斗及蒸氣熨斗各一個。

・蒸氣熨斗

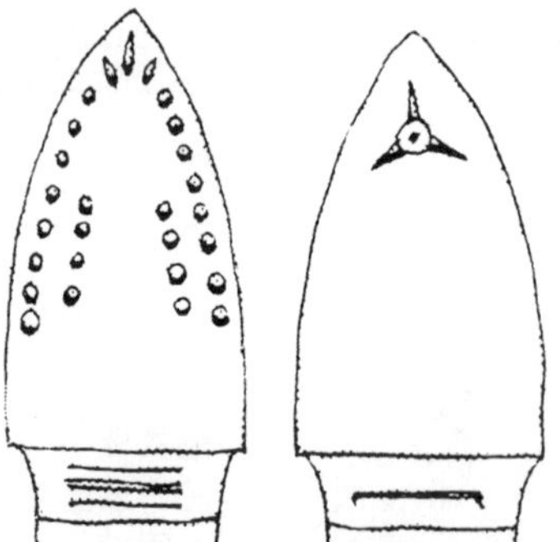

分散噴水式　　集中噴水式

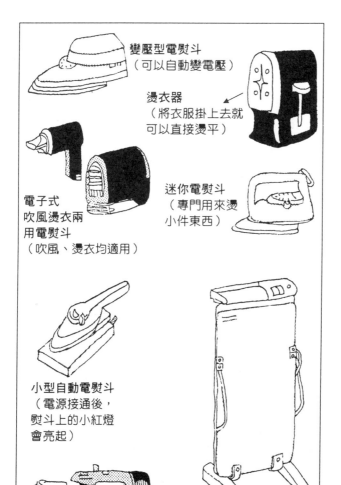

熨斗的種類

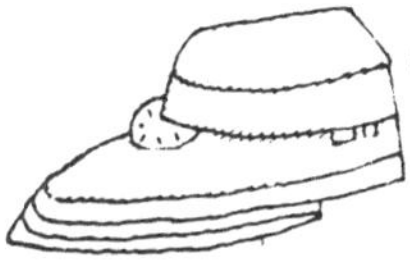

變壓型電熨斗
（可以自動變電壓）

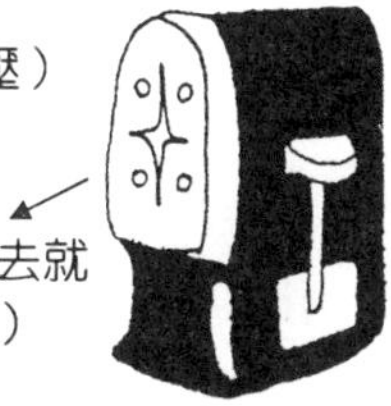

燙衣器
（將衣服掛上去就
可以直接燙平）

電子式
吹風燙衣兩
用電熨斗
（吹風、燙衣均適用）

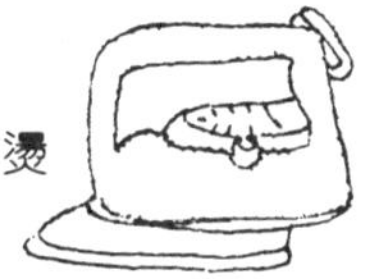

迷你電熨斗
（專門用來燙
小件東西）

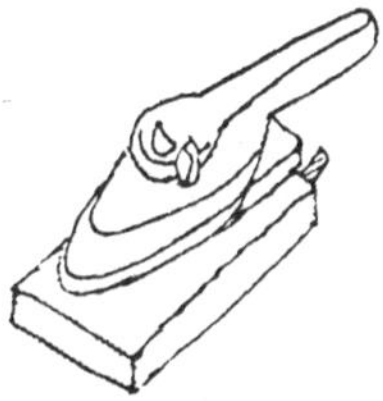

小型自動電熨斗
（電源接通後，
熨斗上的小紅燈
會亮起）

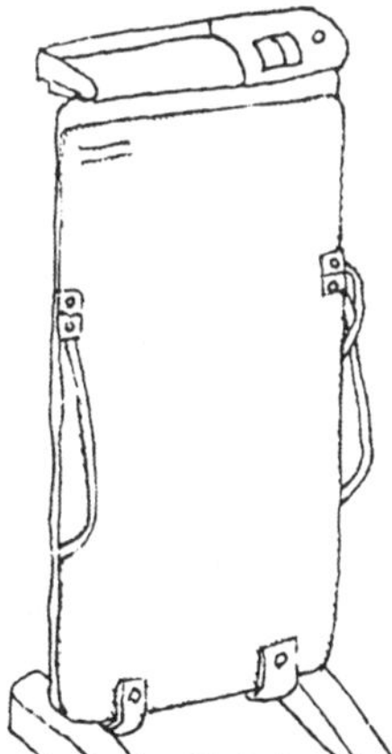

燙衣架
（不用時可
以直立收藏）

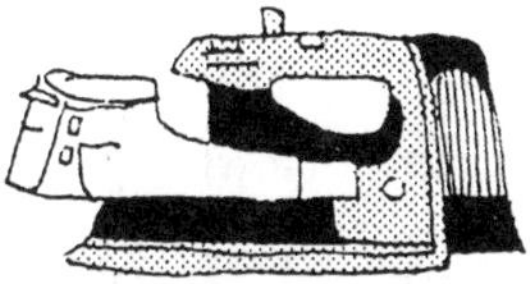

蒸氣熨斗（附有水盒，可以清
楚看到水的存量，水盒可取出
加水或倒水）

維護熨斗的方法

蒸氣熨斗使用完後，要將水盒內的水完全倒掉，並用衛生紙擦乾，或用熱氣烘乾。這是維護熨斗最重要的一項工作，目的就是要將熨斗內的水分完全清除，防止熨斗生鏽，減短使用的年限。

烘乾水盒的步驟　熨斗使用後，先切斷電源，按下蒸氣出口的按鈕，讓熨斗內的蒸氣完全噴出，要取下水盒倒掉剩下的水，再用乾淨的衛生紙擦乾，或用熱氣烘乾。也可以利用熨斗的溫度烘乾水盒。方法是放上倒掉水的水盒，插上熨斗插頭，加熱到中溫度烘烤五分鐘即可。

用來擦拭熨斗的水，應該避免用井水或含礦物質太多的水，以免雜質積存在熨斗內，損壞熨斗。最好用純淨的蒸餾水，自來水也可以。

蒸氣噴不出來時　蒸氣噴不出來就表示噴口被污垢物阻塞，我們可用斗籤、針頭等東西清除。

熨斗沾上污垢時　沒有經過鐵氟龍防鏽加工的電熨斗，沾到污垢之後，要馬上擦拭乾淨，否則時間久了就擦不掉。

我們可用濕布沾上一點牙膏或牙粉，輕輕地擦洗沾髒的部位。如果太過骯髒，可以用洗屋子的洗潔劑擦洗。

平時正確的使用和維護，有助於增長電熨斗使用的壽命。

燙衣服應具備的用具

燙衣服前，要把小用具準備齊全。

燙衣服是件辛苦的工作，如果能保持正確的燙衣姿勢，才會覺得比較舒適。

一般人燙衣服都是站姿，因此燙衣架的高低與手的距離，就是影響姿勢的最主要原因。假如燙衣架太低，燙衣服就必需彎下身体，燙久了會腰酸。相反的，架子太高，手提著燙衣，時間一久也會感到手麻背痛。最好的位置是在腹部上下。①不用鋪上布就可直接燙，為了不傷衣料，並保持衣料的光澤，一般人燙衣服都會鋪上一塊布再燙。但是，熨斗如有一個薄膜式的外罩，可以直接套上外罩再燙，就不必鋪上布了。②燙好之後放在一邊冷卻，冷了以後再收入熨斗盒裡收存。

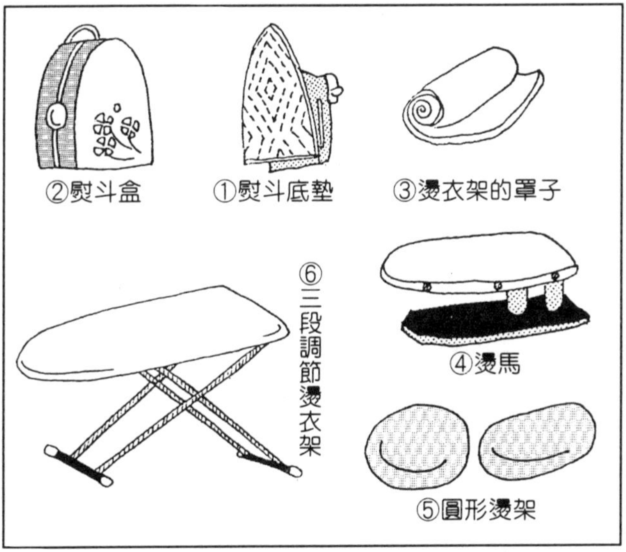

簡便的洗衣小器具

刷子要經常刷洗

拍灰器及刷子要放在隨手可以取用的地方。草蓆要做上記號，以辨內、外，收藏時將內面捲在裡面。其他洗衣劑、洗髮精、藥品歸類後放在一個固定的盒子裡。

刷子買豬鬃做的最好，豬鬃做的刷子軟硬適度。刷毛太硬容易刮傷衣料，太軟容易掉毛。

好的毛刷可以使用很久，所以，價格雖然高一點，也盡量買好的刷子。

刷子以長三・五公分、橫有九列、縱有十八列最標準。豬鬃製刷子和尼龍製的刷子不同，豬鬃製的刷子毛不均勻，長短參差，白色略泛黃。尼龍製的刷子毛比較白，也比較整齊。

刷子要經常清洗，不要留下污垢在刷毛之間。刷子髒了就要趕快用牙籤將刷毛間的污垢挑出，再用牙刷沾一些中性洗潔劑輕輕刷洗。如果髒的很嚴重，可以用洗廚房用的洗潔劑刷洗，洗好之後在毛巾上甩幾下，輕輕拍去水分，用橡皮筋圈住最外圈的毛，掛在通風、陽光充足的地方晾乾，刷毛就不容易變形彎曲。

刷子一定要經常刷洗保持清潔，如果污垢積存太久，不但不容易清除，也不容易洗淨衣物，更不合衛生。

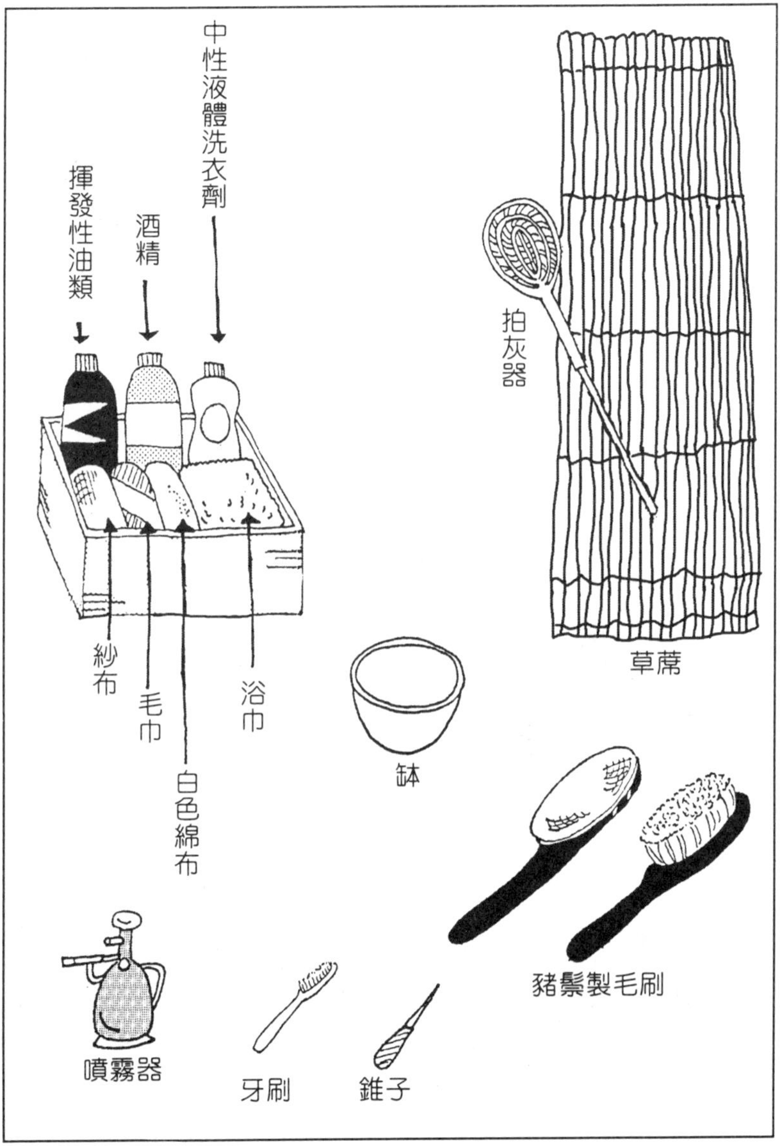
揮發性油類
酒精
中性液體洗衣劑
紗布
毛巾
白色綿布
浴巾
拍灰器
草蓆
缽
豬鬃製毛刷
噴霧器
牙刷
錐子

去漬跡的用具

找一個適中的盒子，將所有去油漬的藥劑集中放置在固定的位置，要使用時就非常便利。一旦沾上油漬要儘快洗掉，擱得愈久，漬跡愈不易去除，即使洗乾淨也要花較多的時間及力氣，既費時又費事。

下圖是幾項平常洗油清較常用到的器具。①～③是去污刷。②、③刷子的毛一不整齊，就用剪刀剪齊。小心謹慎的使用可保持很久使用年限。④是豬鬃毛刷。豬鬃毛刷的毛軟硬適度，好刷又不傷衣料，也可以使用很久的時間，且耐冷、熱水。⑤是指甲刷。不是用來刷指甲的，而是專用來刷洗衣服上易沾到髒的部位，如領子、袖口。⑥是直刷。主要是把衣服上的灰塵、毛髮刷掉。

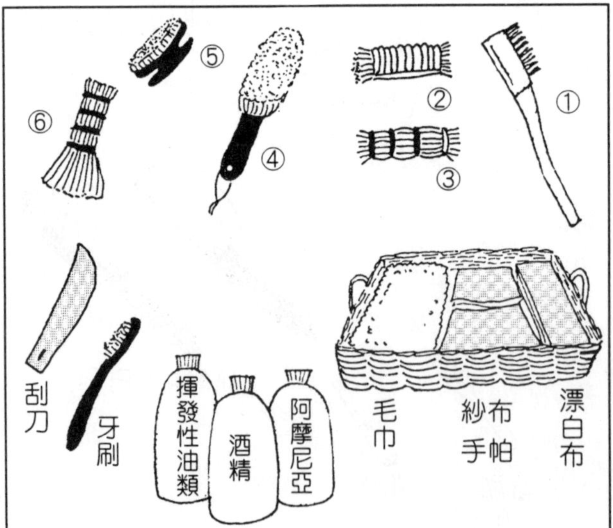

大展出版社有限公司
品冠文化出版社

圖書目錄

地址：台北市北投區（石牌）
致遠一路二段 12 巷 1 號
郵撥：01669551＜大展＞
19346241＜品冠＞

電話：(02) 28236031
28236033
28233123
傳真：(02) 28272069

・熱門新知・品冠編號 67

1.	圖解基因與 DNA	（精）	中原英臣主編	230 元
2.	圖解人體的神奇	（精）	米山公啟主編	230 元
3.	圖解腦與心的構造	（精）	永田和哉主編	230 元
4.	圖解科學的神奇	（精）	鳥海光弘主編	230 元
5.	圖解數學的神奇	（精）	柳谷晃著	250 元
6.	圖解基因操作	（精）	海老原充主編	230 元
7.	圖解後基因組	（精）	才園哲人著	230 元
8.	圖解再生醫療的構造與未來		才園哲人著	230 元
9.	圖解保護身體的免疫構造		才園哲人著	230 元
10.	90 分鐘了解尖端技術的結構		志村幸雄著	280 元

・名人選輯・品冠編號 671

1.	佛洛伊德	傅陽主編	200 元
2.	莎士比亞	傅陽主編	200 元
3.	蘇格拉底	傅陽主編	200 元
4.	盧梭	傅陽主編	200 元

・圍棋輕鬆學・品冠編號 68

1.	圍棋六日通	李曉佳編著	160 元
2.	布局的對策	吳玉林等編著	250 元
3.	定石的運用	吳玉林等編著	280 元
4.	死活的要點	吳玉林等編著	250 元

・象棋輕鬆學・品冠編號 69

1.	象棋開局精要	方長勤審校	280 元
2.	象棋中局薈萃	言穆江著	280 元

・生活廣場・品冠編號 61

1.	366 天誕生星	李芳黛譯	280 元

2.	366 天誕生花與誕生石	李芳黛譯	280 元
3.	科學命相	淺野八郎著	220 元
4.	已知的他界科學	陳蒼杰譯	220 元
5.	開拓未來的他界科學	陳蒼杰譯	220 元
6.	世紀末變態心理犯罪檔案	沈永嘉譯	240 元
7.	366 天開運年鑑	林廷宇編著	230 元
8.	色彩學與你	野村順一著	230 元
9.	科學手相	淺野八郎著	230 元
10.	你也能成為戀愛高手	柯富陽編著	220 元
11.	血型與十二星座	許淑瑛編著	230 元
12.	動物測驗—人性現形	淺野八郎著	200 元
13.	愛情、幸福完全自測	淺野八郎著	200 元
14.	輕鬆攻佔女性	趙奕世編著	230 元
15.	解讀命運密碼	郭宗德著	200 元
16.	由客家了解亞洲	高木桂藏著	220 元

・女醫師系列・品冠編號 62

1.	子宮內膜症	國府田清子著	200 元
2.	子宮肌瘤	黑島淳子著	200 元
3.	上班女性的壓力症候群	池下育子著	200 元
4.	漏尿、尿失禁	中田真木著	200 元
5.	高齡生產	大鷹美子著	200 元
6.	子宮癌	上坊敏子著	200 元
7.	避孕	早乙女智子著	200 元
8.	不孕症	中村春根著	200 元
9.	生理痛與生理不順	堀口雅子著	200 元
10.	更年期	野末悅子著	200 元

・傳統民俗療法・品冠編號 63

1.	神奇刀療法	潘文雄著	200 元
2.	神奇拍打療法	安在峰著	200 元
3.	神奇拔罐療法	安在峰著	200 元
4.	神奇艾灸療法	安在峰著	200 元
5.	神奇貼敷療法	安在峰著	200 元
6.	神奇薰洗療法	安在峰著	200 元
7.	神奇耳穴療法	安在峰著	200 元
8.	神奇指針療法	安在峰著	200 元
9.	神奇藥酒療法	安在峰著	200 元
10.	神奇藥茶療法	安在峰著	200 元
11.	神奇推拿療法	張貴荷著	200 元
12.	神奇止痛療法	漆 浩 著	200 元
13.	神奇天然藥食物療法	李琳編著	200 元

14. 神奇新穴療法	吳德華編著	200 元
15. 神奇小針刀療法	韋丹主編	200 元

・常見病藥膳調養叢書・品冠編號 631

1. 脂肪肝四季飲食	蕭守貴著	200 元
2. 高血壓四季飲食	秦玖剛著	200 元
3. 慢性腎炎四季飲食	魏從強著	200 元
4. 高脂血症四季飲食	薛輝著	200 元
5. 慢性胃炎四季飲食	馬秉祥著	200 元
6. 糖尿病四季飲食	王耀獻著	200 元
7. 癌症四季飲食	李忠著	200 元
8. 痛風四季飲食	魯焰主編	200 元
9. 肝炎四季飲食	王虹等著	200 元
10. 肥胖症四季飲食	李偉等著	200 元
11. 膽囊炎、膽石症四季飲食	謝春娥著	200 元

・彩色圖解保健・品冠編號 64

1. 瘦身	主婦之友社	300 元
2. 腰痛	主婦之友社	300 元
3. 肩膀痠痛	主婦之友社	300 元
4. 腰、膝、腳的疼痛	主婦之友社	300 元
5. 壓力、精神疲勞	主婦之友社	300 元
6. 眼睛疲勞、視力減退	主婦之友社	300 元

・休閒保健叢書・品冠編號 641

1. 瘦身保健按摩術	聞慶漢主編	200 元
2. 顏面美容保健按摩術	聞慶漢主編	200 元
3. 足部保健按摩術	聞慶漢主編	200 元
4. 養生保健按摩術	聞慶漢主編	280 元

・心 想 事 成・品冠編號 65

1. 魔法愛情點心	結城莫拉著	120 元
2. 可愛手工飾品	結城莫拉著	120 元
3. 可愛打扮 & 髮型	結城莫拉著	120 元
4. 撲克牌算命	結城莫拉著	120 元

・少 年 偵 探・品冠編號 66

1. 怪盜二十面相	（精）	江戶川亂步著	特價 189 元
2. 少年偵探團	（精）	江戶川亂步著	特價 189 元

3. 妖怪博士 （精） 江戶川亂步著 特價 189 元
4. 大金塊 （精） 江戶川亂步著 特價 230 元
5. 青銅魔人 （精） 江戶川亂步著 特價 230 元
6. 地底魔術王 （精） 江戶川亂步著 特價 230 元
7. 透明怪人 （精） 江戶川亂步著 特價 230 元
8. 怪人四十面相 （精） 江戶川亂步著 特價 230 元
9. 宇宙怪人 （精） 江戶川亂步著 特價 230 元
10. 恐怖的鐵塔王國 （精） 江戶川亂步著 特價 230 元
11. 灰色巨人 （精） 江戶川亂步著 特價 230 元
12. 海底魔術師 （精） 江戶川亂步著 特價 230 元
13. 黃金豹 （精） 江戶川亂步著 特價 230 元
14. 魔法博士 （精） 江戶川亂步著 特價 230 元
15. 馬戲怪人 （精） 江戶川亂步著 特價 230 元
16. 魔人銅鑼 （精） 江戶川亂步著 特價 230 元
17. 魔法人偶 （精） 江戶川亂步著 特價 230 元
18. 奇面城的秘密 （精） 江戶川亂步著 特價 230 元
19. 夜光人 （精） 江戶川亂步著 特價 230 元
20. 塔上的魔術師 （精） 江戶川亂步著 特價 230 元
21. 鐵人Q （精） 江戶川亂步著 特價 230 元
22. 假面恐怖王 （精） 江戶川亂步著 特價 230 元
23. 電人M （精） 江戶川亂步著 特價 230 元
24. 二十面相的詛咒 （精） 江戶川亂步著 特價 230 元
25. 飛天二十面相 （精） 江戶川亂步著 特價 230 元
26. 黃金怪獸 （精） 江戶川亂步著 特價 230 元

・武 術 特 輯・大展編號 10

1. 陳式太極拳入門 馮志強編著 180 元
2. 武式太極拳 郝少如編著 200 元
3. 中國跆拳道實戰 100 例 岳維傳著 220 元
4. 教門長拳 蕭京凌編著 150 元
5. 跆拳道 蕭京凌編譯 180 元
6. 正傳合氣道 程曉鈴譯 200 元
7. 實用雙節棍 吳志勇編著 200 元
8. 格鬥空手道 鄭旭旭編著 200 元
9. 實用跆拳道 陳國榮編著 200 元
10. 武術初學指南 李文英、解守德編著 250 元
11. 泰國拳 陳國榮著 180 元
12. 中國式摔跤 黃 斌編著 180 元
13. 太極劍入門 李德印編著 180 元
14. 太極拳運動 運動司編 250 元
15. 太極拳譜 清・王宗岳等著 280 元
16. 散手初學 冷 峰編著 200 元
17. 南拳 朱瑞琪編著 180 元

18. 吳式太極劍	王培生著	200 元
19. 太極拳健身與技擊	王培生著	250 元
20. 秘傳武當八卦掌	狄兆龍著	250 元
21. 太極拳論譚	沈　壽著	250 元
22. 陳式太極拳技擊法	馬　虹著	250 元
23. 二十四式/三十二式 太極 拳/劍	闞桂香著	180 元
24. 楊式秘傳 129 式太極長拳	張楚全著	280 元
25. 楊式太極拳架詳解	林炳堯著	280 元
26. 華佗五禽劍	劉時榮著	180 元
27. 太極拳基礎講座：基本功與簡化 24 式	李德印著	250 元
28. 武式太極拳精華	薛乃印著	200 元
29. 陳式太極拳拳理闡微	馬　虹著	350 元
30. 陳式太極拳體用全書	馬　虹著	400 元
31. 張三豐太極拳	陳占奎著	200 元
32. 中國太極推手	張　山主編	300 元
33. 48 式太極拳入門	門惠豐編著	220 元
34. 太極拳奇人奇功	嚴翰秀編著	250 元
35. 心意門秘籍	李新民編著	220 元
36. 三才門乾坤戊己功	王培生編著	220 元
37. 武式太極劍精華＋VCD	薛乃印編著	350 元
38. 楊式太極拳	傅鐘文演述	200 元
39. 陳式太極拳、劍 36 式	闞桂香編著	250 元
40. 正宗武式太極拳	薛乃印著	220 元
41. 杜元化＜太極拳正宗＞考析	王海洲等著	300 元
42. ＜珍貴版＞陳式太極拳	沈家楨著	280 元
43. 24 式太極拳＋VCD	中國國家體育總局著	350 元
44. 太極推手絕技	安在峰編著	250 元
45. 孫祿堂武學錄	孫祿堂著	300 元
46. ＜珍貴本＞陳式太極拳精選	馮志強著	280 元
47. 武當趙堡太極拳小架	鄭悟清傳授	250 元
48. 太極拳習練知識問答	邱丕相主編	220 元
49. 八法拳 八法槍	武世俊著	220 元
50. 地趟拳＋VCD	張憲政著	350 元
51. 四十八式太極拳＋DVD	楊　靜演示	400 元
52. 三十二式太極劍＋VCD	楊　靜演示	300 元
53. 隨曲就伸 中國太極拳名家對話錄	余功保著	300 元
54. 陳式太極拳五功八法十三勢	闞桂香著	200 元
55. 六合螳螂拳	劉敬儒等著	280 元
56. 古本新探華佗五禽戲	劉時榮編著	180 元
57. 陳式太極拳養生功＋VCD	陳正雷著	350 元
58. 中國循經太極拳二十四式教程	李兆生著	300 元
59. ＜珍貴本＞太極拳研究	唐豪・顧留馨著	250 元
60. 武當三豐太極拳	劉嗣傳著	300 元
61. 楊式太極拳體用圖解	崔仲三編著	400 元

62. 太極十三刀	張耀忠編著	230 元
63. 和式太極拳譜＋VCD	和有祿編著	450 元
64. 太極內功養生術	關永年著	300 元
65. 養生太極推手	黃康輝編著	280 元
66. 太極推手祕傳	安在峰編著	300 元
67. 楊少侯太極拳用架真詮	李璉編著	280 元
68. 細說陰陽相濟的太極拳	林冠澄著	350 元
69. 太極內功解祕	祝大彤編著	280 元
70. 簡易太極拳健身功	王建華著	180 元
71. 楊氏太極拳真傳	趙斌等著	380 元
72. 李子鳴傳梁式直趟八卦六十四散手掌	張全亮編著	200 元
73. 炮捶 陳式太極拳第二路	顧留馨著	330 元
74. 太極推手技擊傳真	王鳳鳴編著	300 元
75. 傳統五十八式太極劍	張楚全編著	200 元
76. 新編太極拳對練	曾乃梁編著	280 元
77. 意拳拳學	王薌齋創始	280 元
78. 心意拳練功竅要	馬琳璋著	300 元
79. 形意拳搏擊的理與法	買正虎編著	300 元
80. 拳道功法學	李玉柱編著	300 元
81. 精編陳式太極拳拳劍刀	武世俊編著	300 元
82. 現代散打	梁亞東編著	200 元
83. 形意拳械精解（上）	邸國勇編著	480 元
84. 形意拳械精解（下）	邸國勇編著	480 元
85. 楊式太極拳詮釋【理論篇】	王志遠編著	200 元
86. 楊式太極拳詮釋【練習篇】	王志遠編著	280 元
87. 中國當代太極拳精論集	余功保主編	500 元
88. 八極拳運動全書	安在峰編著	480 元
89. 陳氏太極長拳 108 式＋VCD	王振華著	350 元

・彩色圖解太極武術・大展編號 102

1. 太極功夫扇	李德印編著	220 元
2. 武當太極劍	李德印編著	220 元
3. 楊式太極劍	李德印編著	220 元
4. 楊式太極刀	王志遠著	220 元
5. 二十四式太極拳（楊式）＋VCD	李德印編著	350 元
6. 三十二式太極劍（楊式）＋VCD	李德印編著	350 元
7. 四十二式太極劍＋VCD	李德印編著	350 元
8. 四十二式太極拳＋VCD	李德印編著	350 元
9. 16 式太極拳 18 式太極劍＋VCD	崔仲三著	350 元
10. 楊氏 28 式太極拳＋VCD	趙幼斌著	350 元
11. 楊式太極拳 40 式＋VCD	宗維潔編著	350 元
12. 陳式太極拳 56 式＋VCD	黃康輝等著	350 元
13. 吳式太極拳 45 式＋VCD	宗維潔編著	350 元

14. 精簡陳式太極拳 8 式、16 式	黃康輝編著	220 元
15. 精簡吳式太極拳<36 式拳架・推手>	柳恩久主編	220 元
16. 夕陽美功夫扇	李德印著	220 元
17. 綜合 48 式太極拳＋VCD	竺玉明編著	350 元
18. 32 式太極拳（四段）	宗維潔演示	220 元
19. 楊氏 37 式太極拳＋VCD	趙幼斌著	350 元
20. 楊氏 51 式太極劍＋VCD	趙幼斌著	350 元

・國際武術競賽套路・大展編號 103

1. 長拳	李巧玲執筆	220 元
2. 劍術	程慧琨執筆	220 元
3. 刀術	劉同為執筆	220 元
4. 槍術	張躍寧執筆	220 元
5. 棍術	殷玉柱執筆	220 元

・簡化太極拳・大展編號 104

1. 陳式太極拳十三式	陳正雷編著	200 元
2. 楊式太極拳十三式	楊振鐸編著	200 元
3. 吳式太極拳十三式	李秉慈編著	200 元
4. 武式太極拳十三式	喬松茂編著	200 元
5. 孫式太極拳十三式	孫劍雲編著	200 元
6. 趙堡太極拳十三式	王海洲編著	200 元

・導引養生功・大展編號 105

1. 疏筋壯骨功＋VCD	張廣德著	350 元
2. 導引保建功＋VCD	張廣德著	350 元
3. 頤身九段錦＋VCD	張廣德著	350 元
4. 九九還童功＋VCD	張廣德著	350 元
5. 舒心平血功＋VCD	張廣德著	350 元
6. 益氣養肺功＋VCD	張廣德著	350 元
7. 養生太極扇＋VCD	張廣德著	350 元
8. 養生太極棒＋VCD	張廣德著	350 元
9. 導引養生形體詩韻＋VCD	張廣德著	350 元
10. 四十九式經絡動功＋VCD	張廣德著	350 元

・中國當代太極拳名家名著・大展編號 106

1. 李德印太極拳規範教程	李德印著	550 元
2. 王培生吳式太極拳詮真	王培生著	500 元
3. 喬松茂武式太極拳詮真	喬松茂著	450 元
4. 孫劍雲孫式太極拳詮真	孫劍雲著	350 元

5. 王海洲趙堡太極拳詮真　王海洲著　500 元
6. 鄭琛太極拳道詮真　鄭琛著　450 元
7. 沈壽太極拳文集　沈壽著　630 元

・古代健身功法・大展編號 107

1. 練功十八法　蕭凌編著　200 元
2. 十段錦運動　劉時榮編著　180 元
3. 二十八式長壽健身操　劉時榮著　180 元
4. 三十二式太極雙扇　劉時榮著　160 元
5. 龍形九勢健身法　武世俊著　180 元

・太極跤・大展編號 108

1. 太極防身術　郭慎著　300 元
2. 擒拿術　郭慎著　280 元
3. 中國式摔角　郭慎著　350 元

・原地太極拳系列・大展編號 11

1. 原地綜合太極拳 24 式　胡啟賢創編　220 元
2. 原地活步太極拳 42 式　胡啟賢創編　200 元
3. 原地簡化太極拳 24 式　胡啟賢創編　200 元
4. 原地太極拳 12 式　胡啟賢創編　200 元
5. 原地青少年太極拳 22 式　胡啟賢創編　220 元
6. 原地兒童太極拳 10 捶 16 式　胡啟賢創編　180 元

・名師出高徒・大展編號 111

1. 武術基本功與基本動作　劉玉萍編著　200 元
2. 長拳入門與精進　吳彬等著　220 元
3. 劍術刀術入門與精進　楊柏龍等著　220 元
4. 棍術、槍術入門與精進　邱丕相編著　220 元
5. 南拳入門與精進　朱瑞琪編著　220 元
6. 散手入門與精進　張山等著　220 元
7. 太極拳入門與精進　李德印編著　280 元
8. 太極推手入門與精進　田金龍編著　220 元

・實用武術技擊・大展編號 112

1. 實用自衛拳法　溫佐惠著　250 元
2. 搏擊術精選　陳清山等著　220 元
3. 秘傳防身絕技　程崑彬著　230 元
4. 振藩截拳道入門　陳琦平著　220 元

國家圖書館出版品預行編目資料

輕鬆瞭解電氣／雷郁玲編著
——初版——臺北市，大展，民 96
面；21 公分－（休閒娛樂；25）
ISBN 978-957-468-530-1（平裝）
1. 家政——手冊，便覽等

420.26　　96002868

科學洗濯妙方

ISBN 978-957-468-530-1

編 著 者／雷　郁　玲
發 行 人／蔡　森　明
出 版 者／大展出版社有限公司
社　　址／台北市北投區（石牌）致遠一路 2 段 12 巷 1 號
電　　話／(02) 28236031・28236033・28233123
傳　　真／(02) 28272069
郵政劃撥／01669551
網　　址／www.dah-jaan.com.tw
E-mail／service@dah-jaan.com.tw
登 記 證／局版臺業字第 2171 號
承 印 者／國順文具印刷行
裝　　訂／建鑫印刷裝訂有限公司
排 版 者／千兵企業有限公司
初版1刷／2007 年（民 96 年）　6 月

定　價／200 元

大展好書　好書大展
品嘗好書　冠群可期

大展好書　好書大展
品嘗好書　冠群可期